直前対策シリーズ

速効！

QC検定4級

細谷克也 編著

池永雅範　吉川豊次　高木修一
竹士伊知郎　長谷川伸洋　平野智也 著

日科技連

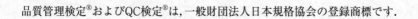

はじめに

　厳しい経営環境の中，企業は品質を経営の中核として品質経営を実践し，お客様の視点に立った魅力的な製品・サービスを提供して行かなければならない．ここにおいて，重要な役割を担ってくるのが品質管理である．

　"品質管理検定"（"QC 検定"と呼ばれる）は，日本の品質管理の様々な組織・地域への普及，ならびに品質管理そのものの向上・発展に資することを目的に創設された．2005 年 12 月に始められ，全国で年 2 回（3 月と 9 月）の試験が実施されており，品質管理検定センターの資料によると，2021 年 3 月の第 31 回検定試験で，総申込者数が 1,305,660 人，総合格者数が 627,788 人となった．

　QC 検定は，組織で働く人に求められる品質管理の能力を 1 級・準 1 級から 4 級まで 4 つの級に分類し，各レベルの能力を発揮するために必要な品質管理の知識を筆記試験により客観的に評価するものである．

　受検を希望される方々からの要望に応えて，筆者らは，先に受検テキストや受検問題・解説集として，次の 4 シリーズ・全 16 巻を刊行してきた．

- 『品質管理検定受験対策問題集』（全 4 巻）
- 『QC 検定対応問題・解説集』（全 4 巻）
- 『QC 検定受検テキスト』（全 4 巻）
- 『QC 検定模擬問題集』（全 4 巻）

　いずれの書籍も広く活用されており，合格者からは，「非常に役に立った」，「おかげで合格できた」との高い評価を頂戴している．

　そんな中，受検生から「受検の申し込みをして，意気込んでいざ勉強しようとするが，"あと何カ月もあるから"となかなか机に向かえない．短期間で効率的に集中して勉強できる本が欲しい」との強い要望が出された．この声に応えるために，受検直前に短期間で学べるテキストとして，本「直前対策シリーズ」を刊行することとした．

　本シリーズの特長として，次の 7 つが挙げられる．

① 短期間集中的に学ぶことにより，**速効・速戦的に"合格力"**が身に付く．
② **2 色刷り**で**赤シート**が付いているので，これにより，重要項目を集中して効果的・効率的に習得できる．
③ **重要なこと**，**間違いやすいこと**を簡潔に説明している．

④ **過去問をよく研究して**執筆しているので，ポイントやキーワードがしっかり理解できる．

⑤ QC 検定レベル表に記載されている用語は，JIS や（一社）日本品質管理学会の定義などを引用し，**正確に解説**してある．

⑥ 受検生の多くが苦手とする **QC 手法**については，紙数を割いて，具体的に分かりやすく解説している．

⑦ QC 手法は，**定義や公式をきちんと示し**，できるだけ例題で解くようにしてあるので，理解しやすい．

筆者らは，（一財）日本科学技術連盟のセミナー講師で，自らの教育経験をもとに執筆した．本シリーズは，2019 年 11 月 22 日に公表された新レベル表（Ver.20150130.2）に対応している．

本書は，4 級の受検者を対象にしたテキストである．4 級を受験される人は，初めて品質管理を学ぶ人や新入社員，社員外従業員，初めて品質管理を学ぶ大学生・高専生・高校生などが多い．4 級を目指す方々に求められる知識と能力は，組織で仕事をするにあたって，品質管理の基本を含めて企業活動の基本常識を理解しており，企業などで行われている改善活動も言葉としては理解できるレベルである．すなわち，社会人として最低限知っておいてほしい仕事の進め方や品質管理に関する用語の知識は有しているというレベルである．

4 級は，品質管理に関する基礎知識に加え，「5S」や「報連相」といった社会人として必要なマナーや，企業活動の基本や常識を理解するための基礎知識も身に付けることができる．近年，高校生や大学生などが 4 級に挑戦されるケースも多くなっているが，QC 検定は学校生活でも，また社会人となった後も，必ず役に立つ知識であるので，是非ともチャレンジしていただくことをお勧めする．

紙数の関係から，すべての内容を詳しく記述できないので，足りないところは，前述のテキストや模擬問題集などを併用してほしい．

本書が，多くの 4 級合格者の輩出に役立つとともに，人材育成，もの・サービスづくりの強化と日本の国際競争力の向上に結びつくことを期待している．

最後に，本書の出版にあたって，一方ならぬお世話になった㈱日科技連出版社の戸羽節文社長，鈴木兄宏部長，石田新係長に感謝申し上げる．

2021 年　紫陽花の咲く頃

速効！　QC 検定編集委員会

委員長・編著者　細谷　克也

赤シートの使い方

1. 赤シートのメリット

　赤シートを使うことにより，重要な箇所を効率よく習得できるという利点がある．覚えるべき用語や式などが隠してあるので，覚えたい情報だけをピンポイントで暗記することができる．よって，通勤や通学中のバスや電車などでも勉強でき，試験までの時間を効果的に使うことができる．重要な項目や不得手な項目などポイントを絞って集中して学んでほしい．

2. 赤シートの使い方

　知っておくべき・覚えておくべき重要用語・説明文・公式・例題の解答などは，赤字で書いてある．赤シートをかぶせて文章を読んでいくと，隠されて見えない箇所が出てくるので，当てはまる用語などを自分で考えながら読み進んでほしい．その後，赤シートを外して，当てはめた用語などが正しかったかどうかを確認することによって理解を深める．

　単なる用語などの暗記だけでなく，しっかりと全体を理解できるように意識しながら勉強することが大切である．特に計算問題は，結果だけを追うのではなく，計算の過程をしっかり理解することが重要である．

　間違った箇所は，理解できるまで繰り返し学習してほしい．例題の解答過程やメモなど，余白に赤ペンで記述するとノートを作る必要がなく，便利である．なお，油性のペンでは赤シートで消えないことがあり，水性や消せるボールペンを使うとよい．色はオレンジやピンクでもよい．

4 級受検時の解答の仕方

1．QC 検定の性質と傾向，合格率

　2016 年から 2020 年の 4 級の合格率は 85％前後で推移している．4 級といえども，体系的な学習と受検対策が必要で油断は禁物である．

　4 級では，4 級用テキスト（「4 級の手引き」）が準備されており，日本規格協会の HP よりダウンロードできる．

　問題は全問マークシート方式で，大問が 17 〜 19 問，小問の数は合計 90 問程度となっている．「**品質管理の実践**」（以下「**実践**」）が大問で 5 〜 6 問，「**品質管理の手法**」（以下「**手法**」）が同じく 5 〜 7 問，および「**企業活動の基本**」（以下「**基本**」）が同じく 5 〜 6 問とすべての範囲からまんべんなく出題されている．さらに企業，学校，商店などでの問題解決や改善の事例を示して，**実践，手法，基本に関する実用的な知識を問う総合問題**（以下「**長文問題**」）が出題されることが多い．これらの傾向には今後も大きな変化はないと思われる．

　「実践」に関する問題については，企業に勤務されて自分の経験のある分野であれば，それほど苦労することなく解答することが可能であろう．しかしながら，出題分野は「**レベル表**」に記載されているすべての分野にわたるので，「実践」分野においても，自分の仕事と直接関係ない分野の学習は不可欠である．

　「手法」については，データを扱うことや QC 七つ道具に慣れておられない方には，基礎からの学習と訓練が必要である．

　また，「基本」に関する問題も，社会人としてある程度の経験のある方には常識の範囲である設問もあるが，新入社員や高校生，高専生，大学生の方は基礎的なことからの学習，理解が必須である．

　合格ラインとされている総合得点 **70%** を確実に超えるためには，「実践」，「手法」，「基本」すべての分野で確実に 70％以上を確保し，さらに得意な分野では 80％以上をねらうことが求められる．

2．受検生がよくつまずくこと

　比較的若い方が受検することが多い 4 級では，「実践」「基本」においても，自分の日常業務となじみのうすい「**工程**」，「**検査**」，「**標準化**」，「**三現主義・5 ゲン主**

義」、「企業生活のマナー」、「5S」、「安全衛生」などの単元については，注意が必要である．それほどひねった問題は出題されないので，基本となる**用語の意味**を正確に理解しておくことがポイントである．

「手法」では，**QC七つ道具**はほぼ毎回出題されている．各手法を使う場面や作り方はもちろん，**グラフ**，**ヒストグラム**，**散布図などから得られる情報**について問う問題も出題されるので，「**図表からデータの背後にある情報を読み取ること**」についての学習が必要である．「**事実に基づく判断**」の分野は，「**データの基礎**」，「**ロットの意味**」，「**データの種類**」などのほか，**平均値**，**メディアン（中央値）**，**最大値**，**最小値**，**範囲**に関する計算問題が出題されることが多い．**電卓は使用できない**ので，暗算や筆算によって本書の例題などを早く正確に解けるよう準備しておくことは必須である．また，**標準偏差の意味**も理解しておいてほしい．

「**長文問題**」では，通り一遍の知識ではなく，実際の改善や問題解決の場面において品質管理がどのように活用されているのかを理解していることが問われる．

> 【暗記すべき公式】
> 平均値の求め方，メディアンの求め方，範囲の求め方

3. 時間配分の仕方

試験時間は90分となっている．したがって小問90問として，1問当たり1分以下で解答する必要がある．見直し・点検の時間も必要なので，平均して**1問**を**40〜50秒**の速度で解答する必要がある．それほど時間に余裕はないと心得るべきである．

最近の出題では，「**実践**」，「**手法**」，「**基本**」，最後に「**長文問題**」の順番となっている．解答の順は，自分の得意分野を先に解答するのか，後に回すのか柔軟に対応すればよいが，「**長文問題**」は，問題文や与えられた図表の意味を理解したうえで，「**実践**」，「**手法**」，「**基本**」に関する実務的な知識が問われるので，最後に回して，ある程度の時間をかけるとよい．

まずは"一通り"の解答を「**実践**」，「**手法**」，「**基本**」で**45〜60分**くらい，さらに「**長文問題**」に**10分**程度をかけることを目安にする．"一通り"とは，わからない問題はとばすということが前提である．わからない，あるいは時間がかかりそうな問題にこだわって，いたずらに時間を浪費することはさけたい．残った時間で，必ず見直しを行い，マークミスの有無や必要事項の記入漏れなどを確認して，

わかっている問題を取りこぼすことがないようにすることも必須である.

　マークシート方式試験では，まず問題用紙に解答を記入しておいて，最後にまとめて答案用紙にマークをする方もおられるが，マークミスや時間切れの懸念もあり，時間に余裕のない試験ではあまりお薦めできない. 確実に，一問一問**その都度マーク**することを推奨する. 見直しや試験後に自己採点を行うためには，問題用紙に**解答を記入**しておくことも忘れてはならない. 問題用紙は持ち帰りが可能である.

4. うまい解答方法

　「**長文問題**」も含めて，以下の①〜③を 55 〜 75 分で行うとよい.

　① 　まず，**自信のある問題**は，**確実に解答**する.

　② 　やや自信のない問題も，**とりあえず解答**をしておく.

　③ 　**まったくわからない問題はとばす**.

　残りの時間で，①については，マークミスがないかの確認のみ行う. ②は再度考えて必要なら解答を修正する. ③は残った時間で取り組むが，時計をにらみながら，最後は「推理や勘」でマークし，**未解答はさける**ことである. 時間は限られている. ミスなく，取れるところで確実に得点を稼げれば，必ずや合格に近づく.

速効！ QC検定❹級 ——— 目次

はじめに iii

赤シートの使い方 v

4級受検時の解答の仕方 vi

第1章 品質管理 —————————————— 1

01-01 品質とその重要性 2

01-02 品質優先の考え方 4

01-03 品質管理とは 5

01-04 お客様満足とねらいの品質 7

01-05 問題と課題 8

01-06 苦情・クレーム 9

第2章 管 理 —————————————— 15

02-01 管理活動 16

02-02 仕事の進め方 17

02-03 PDCA，SDCA 18

02-04 管理項目 20

第3章 改 善 —————————————— 25

03-01 改善（継続的改善） 26

03-02 QC ストーリー 26

03-03 3 ム 30

03-04 小集団改善活動 31

03-05 重点指向 31

第4章 工　程 ——————————————— 37

04-01 工程（プロセス）とは　38

04-02 前工程と後工程　39

04-03 工程の 5M　40

04-04 異常　41

第5章 検　査 ——————————————— 45

05-01 検査とは　46

05-02 適合（品），不適合（品）　47

05-03 ロットの合格・不合格　47

05-04 検査の種類　48

第6章 標準・標準化 ——————————— 55

06-01 標準化とは　56

06-02 業務に関する標準と品物に関する標準（規格）　57

06-03 いろいろな標準　59

第7章 事実に基づく判断 ——————— 63

07-01 データの基礎　64

07-02 ロット　65

07-03 データの種類（計量値，計数値）　66

07-04 データのとり方，まとめ方　66

07-05 平均とばらつきの概念　67

07-06 平均と範囲　68

第 8 章 データの活用と見方 ─────── 79

08-01 QC 七つ道具　　　　　　　　　80

08-02 異常値　　　　　　　　　　101

08-03 ブレーンストーミング　　　　102

第 9 章 企業活動の基本 ───────── 105

09-01 製品とサービス　　　　　　　106

09-02 職場における総合的な品質（QCD ＋ PSME）　106

09-03 報告・連絡・相談（ほうれんそう）　107

09-04 5W1H　　　　　　　　　　107

09-05 三現主義・5 ゲン主義　　　　108

09-06 企業生活のマナー　　　　　　109

09-07 5S　　　　　　　　　　　110

09-08 安全衛生　　　　　　　　　110

09-09 規則と標準　　　　　　　　112

引用・参考文献　　　　　　　　　　118

索　　引　　　　　　　　　　　　119

第**1**章

品質管理

　品質管理活動を行っていくうえで，品質とは何か，品質の重要性，さらにはお客様と品質のかかわりについて理解しておくことが重要となってくる．

　本章では，品質ならびに品質管理の全体像をつかみ，以下のことができるようにしてほしい．

- 品質とその重要性ならびに品質優先の考え方の理解と説明
- 品質管理の全体像の理解と説明
- お客様満足とねらいの品質の理解と説明
- 問題と課題の理解と説明
- 苦情・クレームの理解と説明

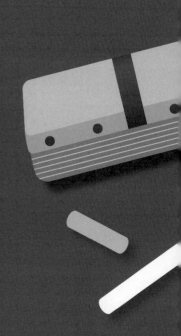

01-01 品質とその重要性

1. 品質とは

> "**品質**"とは,「一般に製品やサービスの質のこと」をいう.「製品やサービスに備わっている特性(機能・性能・操作性など)が,それらを取り扱う人(お客様)の求めることを満足させる程度のこと」である.

また,ISO 9000 : 2015 において,"**品質**"は「対象に本来備わっている特性の集まりが,要求事項を満たす程度」と定義されている.

製品品質の構造を分解すると,図 1.1 に示すとおり,**有用性**,**安全性**,**空間:形・大きさ・重さ**,**時間:稼働率**,**経済性**に区分でき,さらに細かな品質要素に分解される.

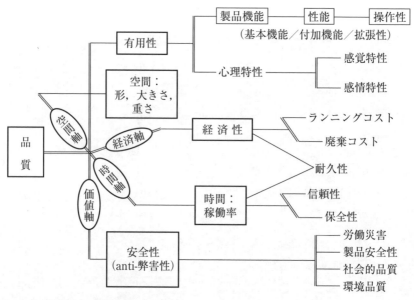

出典) 狩野紀昭:「私が伝えたい TQM の DNA」,『品質』,日本品質管理学会,Vol.36,pp.413-417,図・1,2006 年に一部修正.

図 1.1 品質の内部構造

"**有用性**"とは，「その製品がお客様にとって役立つ性質」である．有用性は，その製品の機能，性能，操作性と，心理特性(外観がかっこいい，音がきれい，使うことで心が安らぐなどといった心理的な感覚や感情(感性))からなる．

"**安全性**"とは，「その製品を使うことで危害を与えることをいかに小さく抑えているかという製品特性」である．これは，その製品を使う人に対する危害だけでなく，社会や地球環境などに対する危害も含まれる．例えば，エアバッグ搭載の自動車は使用者に対する安全性が高い製品であり，温暖化係数の低い冷媒ガスを用いたエアコンや冷蔵庫は，地球に対する環境性が高い製品となる．また，低騒音で工事ができるような工事車両や工事設備は，社会に対する安全性が高い製品となる．

"**空間：形・大きさ・重さ**"は，ことばのとおりで，「製品が空間を占有する特性」のことである．

"**時間・稼働率**"とは，「その製品が，継続して稼働できる度合いや能力のことで，与えられた時間，故障せずに使用できることや修理のしやすさ(保全性)のことをいう．

"**経済性**"とは，「その製品を使用する際にかかる費用や廃却する際にかかる費用のこと」をいう．例えば，自動車でいうと燃費(ガソリン 1 リットルあたりの走行距離)であり，家電製品でいうと消費電力が大きいか小さいかで，経済性の高い製品かどうかが決まる．

2. 品質の重要性

　企業は，お客様に製品やサービスを提供し，それに対する対価をもって経営に必要な資金を集め，さらに新たな製品・サービスを開発し，社会へ貢献し続けていく．これが企業活動の基本である．開発した製品・サービスをお客様に購入してもらえなければ，経営は成り立たず，社会へ貢献することができなくなる．したがって，お客様が満足して購入する製品・サービスをつくり続けることが重要となってくる．そのためには，企業は，お客様の要求事項を十分に調査・把握し，お客様に満足いただける製品やサービスの目標仕様を的確に定め，それに必要な研究開発や技術開発を効率的に行い，製品・サービスを市場に投入していかなければならない．また，市場の反応を見ながら，その製品やサービスの改良を重ね，よりよい品質の製品・サービスをつくり上げていく必要がある．このように，よりよい品質の製品・サービスをつくり上げていくためには，品質管理活動は不可欠である．

01-02 品質優先の考え方

1. マーケットイン，プロダクトアウトとは

"**マーケットイン(market in)**"とは，「市場やお客様の中に入って，そのニーズ(要求)を把握し，ニーズを満たす製品・サービスを開発・製造し販売していくという考え方のこと」をいう．一方で，「生産者中心の考え方で作った製品・サービスを顧客に売りこんでいくこと」を"**プロダクトアウト(product out)**"という．

マーケットインの考え方は，お客様の満足を追究する企業活動の基本的な考え方であり，企業側の都合だけで考えるのではなく，お客様を優先した考えで進める活動のことである．この考え方を普遍化して，現在ではもっと広い意味で，「何事においても常に相手の立場に立ってものごとを考え，判断し，行動する」ことが大事とされている．「後工程はお客様」は，同様の意味で使われている．

お客様のニーズは多様化しており，それを正確に把握する必要がある．ニーズには，顧客自身が気付いている「顕在ニーズ」と，顧客自身が気付いていない「潜在ニーズ」があり，「潜在ニーズ」を把握することも重要である．

市場(顧客)ニーズは時代とともに変化しており，要求される機能・性能の要求レベルも変化している．また，市場(顧客)ニーズの把握だけでなく，競合他社の動向をチェックすることも重要である．

例えば，市場(顧客)ニーズを把握していないと，市場分析なしで製造部門へ生産数(量)を指示し，売れなくて在庫を抱えたり，あるいは品不足で欠品するといった供給問題を引き起こしてしまう．そのため，顧客ニーズを把握することは製品・サービス開発のためだけでなく，製造・販売面においても非常に重要である．

2. QCDとは

お客様が満足する品質を追究した製品・サービスを開発・管理するうえでは，単に製品やサービスの質のみを考えるのではなく，その**品質(Quality)**をつくり上げるための**コスト(Cost)**や**量・納期(Delivery)**も合わせて考えることも重要である．なぜならば，製品・サービスの機能・性能だけでは，お客様は満足しないからである．お客様は，製品・サービスの機能・性能を見たうえで，その機能・性能に釣り合った値段であるか，また，お客様が求める量や期日までに入手できるかに

よって，お客様が満足するかどうかが変わる．いくらよい性能であっても，値段が高ければ，お客様は満足しない．また，欲しいときに，必要な量が手に入らないようでは意味がない．したがって，品質・コスト・納期を満たす製品・サービスを検討することが必要である．このことを，これらの頭文字をとって，"**QCD**"と呼ぶ．QCDは，広い意味での**品質**と考えてよい．

　また，品質優先の考え方に安全第一（**Safety**）の考え方を併せて，"**SQCD**"と呼ぶこともある．

3. 品質優先の考え方

　企業の中でよりよい製品・サービスを提供していくためには，関連するすべての人が，"**品質を優先する（品質優先）**"という考え方でなければならない．品質優先とは，「目先の売上・利益にとらわれ，品質を後回しにはせず，いかなるときもよい品質の製品・サービスをお客様へ提供することを優先する」ということである．また，コストを低減したり，納期を守ることも重要ではあるが，それらを優先して品質を軽視してはならないということでもある．昨今の品質データの改ざんなどの問題は，この品質優先という考え方が薄れ，目先の利益や納期にとらわれたことによる問題といえる．

01-03　品質管理とは

1. 品質管理とは

> "**品質管理**"とは，「お客様が満足する品質の製品やサービスを，適切な時期・価格で提供できるように，企業として組織的に行う体系的活動」のことである．

　お客様に提供する製品やサービスの品質には，必ず「ばらつき」が生じるため，お客様が不満にならないようにその「ばらつき」をできる限り小さくし，その品質がお客様にとっても，提供する側の企業にとっても，よい状態に管理することが必要となってくる．このように製品・サービスの品質を管理する活動を"**品質管理活動**"という．

2. 品質管理活動とは

例えば，購入したテレビが2年で故障した人がいたとすると，そのテレビを製造，販売する企業へ不満を抱き，二度と購入しなくなることが想定される．そのようなことにならないためにも，製品が故障した原因を追究し，再発防止の対策をとらなければならない．

製品に不良が出たり品質がばらつく原因は，主にその製品を製造したり取り扱ったりする**人（Man）**，その製品を製造・運搬する**機械・設備（Machine）**，その製品を構成する**部品・材料（Material）**，その製品を製造したり取り扱ったりする**方法（Method）**の4つの要素にあるといわれている（図1.2）．

この4つの要素の頭文字をとって**4M**といい，この**4M**を把握し，適切に管理することで品質の不良を撲滅したりばらつきを抑えることができる．また，これらを管理するためにかかるコストも考慮し，品質のばらつきを許された範囲に抑えることが重要である．

品質管理は，「よい品物を安く作る活動」として進められてきたが，現在では商品企画から設計，製造，販売に至る品質の管理・改善活動に加えて，業務の質の向上活動まで含んだ手段の体系的で，品質を中心とする経営管理の方法とされている．

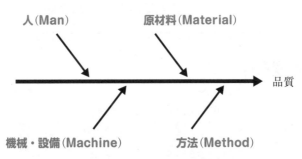

図1.2 品質のばらつきの原因となる4要素

品質管理を効果的に実施するためには，市場調査，研究・開発，製品の企画，設計，生産準備，購買，外注，製造・施工，検査，販売，営業・受注およびアフターサービスならびに利用後の廃棄やリサイクル，さらには財務，人事，教育など，企業活動の全段階にわたり，経営者をはじめ管理者，監督者，作業者など企業の全

員参加と協力が必要である．このように実施される品質管理を，総合的品質管理
(TQM：Total Quality Management)という．

01-04 お客様満足とねらいの品質

1. お客様満足

"**お客様満足**"とは，「お客様がもっている事前の期待，顕在・潜在的なニーズ，
あるいは要求事項が，提供された製品・サービスの効用によって満たされること，
または，その充足の程度」をいう．

お客様が満足する製品・サービスを作り上げるには，そのお客様が誰なのか，製
品・サービスが何なのかを明らかにしておくことが重要である．

【お客様の例】

- 製品・サービスを実際に利用する人（使用者・消費者）
- 製品・サービスにお金を支払う人（購入者）
- 販売店や小売業者
- 製品・サービスが使われる際や製品を廃却する際に影響を受ける人（第三者）

一般にお客様のことを"顧客"と呼び，お客様満足のことを"**顧客満足（CS：
Customer Satisfaction）**"ということもある．また，お客様が満足している
程度を"**顧客満足度**"と呼ぶ．品質管理活動の中で，よりよい品質にしていくため
には，アンケートなどを使って，顧客満足度を調査していくことも必要となる．こ
の調査を"**顧客満足度調査**"と呼ぶ．

さらに，社内の品質管理活動の中では，"**後工程はお客様**"という考えが重要で
ある．担当する業務のできばえが，その後に関係する部署（後工程）の業務に問題を
引き起こさないようにするために，自分の工程より後の工程をお客様と考え，大切
にする，という考え方である．自分の業務のできばえが，後工程に与える悪さ加減
を明らかにし，その悪さ加減の原因を追究し，その悪さ加減をできる限り低減する
ことを常に考え，できばえを改善し続けることが大切である．

2. ねらいの品質

お客様の製品・サービスに対する要求事項を調査することが重要であるが，製

品・サービスに対するお客様の要望や期待，場合によっては問題点や困りごとなどを収集し，その情報を解析する必要がある．このことを **"お客様の声（VOC：Voice Of Customer）を聞く"** という．お客様の声の収集は，一般的に顧客のインタビューによる方法がとられるが，前項で説明した顧客満足度調査もその一つである．

さらには，収集した情報と解析結果を用いて，すでにお客様に提供している製品・サービスであれば，あるべき姿を設定し，これからお客様に提供する新たな製品・サービスであれば，ありたい姿を設定し，それぞれ目標仕様に落とし込み，製品・サービスの開発を行っていく．このように，製品のあるべき姿やありたい姿を設定することを「**"ねらいの品質"** を設定する」という．ねらいの品質は，設計品質とも呼ばれ，品質特性に対する品質目標のことである．

01-05 問題と課題

"問題" とは，「**"本来あるべき姿（理想の姿）"** と **"現状の姿"** との差（ギャップ）のこと」をいい，**"課題"** とは，「**"将来においてありたい姿（理想の姿）"** と **"現状の姿"** との差（ギャップ）のこと」をいう．

品質管理検定センター発行の「4級の手引き」では，問題とは，「設定してある目標と現実との，対策して克服する必要のあるギャップ」，課題とは，「設定しようとする目標と現実との，対処を必要とするギャップ」と説明している．

顧客満足度を向上させるためには，お客様の立場で製品・サービスの「本来あるべき姿」を明確にするとともに，現在の製品・サービスの現状を把握したうえで，そのギャップ（問題）を明確にし，問題があった場合にはその原因を追究し，対策を打つことで，お客様が満足する品質を獲得することができる．

例えば，これまで最終の製品検査で合格する確率が99％であったものが，投入する材料ロットが変わってから，合格する確率が95％となったとする．本来あるべき姿は，これまでの合格率99％であり，現状の姿は合格率95％であるため，取り上げる問題は「合格率が4％下がったこと」になる．合格率が下がったのが，投入する材料ロットだけであると明らかになっている場合は，この材料を調査し，原因を追究し，仕入れる材料の銘柄を変更するなどの対策を打つ．

　将来においてありたい姿とのギャップ（課題）の例としては，新商品の目標仕様や新規事業を立案する際の売上や利益目標などに対して用いられる．

　問題と課題の関係は，図 1.3 のようになる.

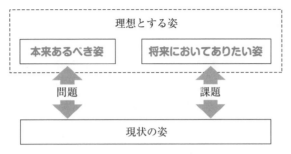

図 1.3　問題と課題

苦情・クレーム

　"**苦情**"とは，「製品やサービスの不満や欠陥などに関して，お客様が製品やサービスに対して不満をもつこと」をいう. また，「その苦情のうち，製品の修理・交換，値引き・返金・解約，損害賠償などの具体的な請求を行うもの」を"**クレーム**"と呼ぶ.

　苦情とクレームは図 1.4 のように分類される.

　苦情には，顕在苦情と潜在苦情がある. 顕在苦情には修理，取替え，交換，解約，賠償などの請求を伴うものと，請求を伴わないものがある. また，潜在苦情とは，顕在化していない苦情であり，お客様の中で留まり，提供する人や組織へ申し入れまでに至っていない不満である.

　苦情を表明したお客様に対しては，ただちにその不満を取り除くために行動しなければならない. また，同種の苦情情報の収集・解析，さらには，他のお客様が同様に不満を抱くことにならないように**再発防止活動**を行わなければならない. この「消費者の苦情の申し立てを適切に処理すること」を"**苦情処理**"という. 苦情処理の中で，「クレームに対して無償で行う修理・交換，値引き・返金・解約，損害賠償などの請求に対する対応」を"**クレーム処理**"という. 苦情処理の概要を図 1.5 に示す.

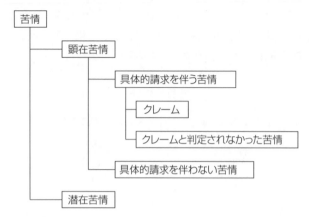

出典) 飯塚悦功：「品質管理セミナー・ベーシックコース・テキスト」，第22章，日本科学技術連盟，2020年)

図 1.4　苦情の分類

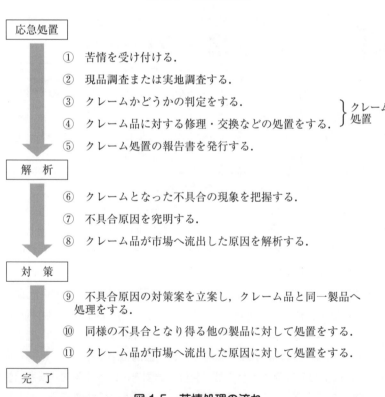

図 1.5　苦情処理の流れ

例題 1.1

下記の文章は，広い意味での品質（QCD）に関する問題である．それぞれをQ（品質）に関する問題，C（コスト）に関する問題，D（量・納期）に関する問題のどれに該当するか答えよ．

① スーパーで箱詰めのりんごを購入したら，箱の下のほうにあるりんごが腐っていた．

② 新しいデザインの自動車を販売したら，受注が殺到したため，現状の生産ラインでは供給が追いつかず，お客様の手に届くまでに時間がかかってしまうことが判明したので，生産ラインを増設して対応した．

③ 販売したエアコンが夏場に故障し，コールセンターに苦情の連絡が入った．

④ 日本国内で生産すると労務費が高いため，海外の子会社で生産し日本へ輸入し販売した．

⑤ 研修目的で新入社員に生産ラインで働いてもらったら，品質のチェックミスのため，不適合品が増加した．

⑥ 年末年始は帰省する家族が多く，新幹線が満席で，仕方なく次の列車にしたため，両親と約束した時間に遅れてしまった．

⑦ 工場内の照明の電力消費量を抑えるために，工場内すべての蛍光灯をLED照明に取り換えた．

【解答 1.1】

① **Q** ② **D** ③ **Q** ④ **C** ⑤ **Q**
⑥ **D** ⑦ **C**

例題 1.2

次の文章において， ＿＿＿ 内に入るもっとも適正なものを下欄の選択肢から選び答えよ．

① 製品品質の構造を分解すると， (1) ， (2) ，大きさ， (3) ，区分できる．
(1) とは，その製品の性能・信頼性・耐久性といった機能やき

れい・かっこいい・安心といった心理的要素からなる.

(2)　とは，製品を使うことで危害を与えることをどれだけ小さく抑えているかという特性になる.

(3)　とは，その製品の消費電力が多いか少ないかという特性になる.

② 設定しようとする目標と現実との，対処を必要とするギャップのことを (4) といい，設定してある目標と現実との，対策して克服する必要のあるギャップのことを (5) という.

③ 製品やサービスの不満や欠陥などに関して，お客様が製品やサービスに対して不満をもつことを (6) という.

④ フィットネスクラブの会員顧客へ新規のサービスを開発し，3カ月が経ったので，サービス改善のために，そのサービスを受けている会員へ無作為にアンケートを行い，サービスに対する不満や期待を調査した. このような活動を (7) という.

【選択肢】

ア．問題　　イ．課題　　ウ．コスト　　エ．有用性　　オ．経済性
カ．安全性　キ．無効性　ケ．有効性　コ．クレーム処理
サ．お客様満足　ス．お客様の声を聞く　セ．クレーム　ソ．苦情

【解答 1.2】
(1) エ．有用性　　(2) カ．安全性　　(3) オ．経済性
(4) イ．課題　　(5) ア．問題　　(6) ソ．苦情
(7) ス．お客様の声を聞く

例題 1.3

次の文章において，マーケットインの考え方であるものに○，そうでないものに×を選び答えよ.

① 飲食店を開業するために，ある地域に住む人の外食の好みについて市場調査を行い，その結果を参考にして開店することにした.

② 家電量販店の売れ筋商品の情報を集め，その情報を分析し自社製品の

品質に反映させた.

③　３月末決算でどうしても売上を上げたかったので，自らの判断で在庫にあった製品を値引きして，お客様へあっせんし販売した.

④　Ａ社の部品を使用して製品を生産し販売しているが，Ａ社の工場トラブルで部品が入らなくなったため，製品の納期を遅らせて出荷した.

⑤　お客様からコールセンターへ製品の故障に関する問合せが入り，「すぐに調べに来てほしい」との要望があったため，実地調査するようにサービス部門へ依頼したが，サービス部門の人手が足らず，お客様に４日間待ってもらった.

⑥　新商品の設計開発を行っているが，製造する際の組立て間違いや組立てにくさを低減するために，開発段階で製造部門からの要望を聞き，設計図面に反映させた.

【解答 1.3】

①　○　　　②　○　　　③　×　　　④　×　　　⑤　×　　　⑥　○

【解説 1.3】

　③，④，⑤は，供給者側の都合による内容であり，マーケットインの考え方が入っていない.

これができれば合格！

- 品質とその重要性の説明
- 品質優先の考え方の説明
- 品質管理の説明
- お客様満足とねらいの品質の説明
- 問題と課題の説明
- 苦情・クレームの説明

第2章

管　理

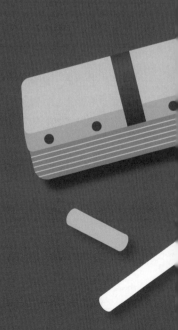

　企業では仕事の成果をあげるために管理という活動が日々行われている．管理の基本的な考え方を知り，実践することで，仕事の質の向上や製品の安定的・継続的な提供を行うことができる．

　本章では管理について学び，下記のことができるようにしておいてほしい．

- 管理活動の理解
- 仕事の進め方の理解
- PDCA の理解
- SDCA の理解
- 管理項目の理解

02-01 管理活動

（1） 維持活動

> "維持活動" とは，「日々の仕事の遂行，製品やサービスの提供を**ばらつきなく，安定的・継続的**に行うための活動」である．

日々の仕事を安定的・継続的に繰り返し，製品・サービスを提供し続けるためには，環境の変化に応じて**適切な標準を設定**し，標準を遵守するために必要な**教育・訓練**を行う必要がある．このような維持活動は **SDCA** のサイクルによって行われる．

（2） 改善活動

> "改善活動" とは，「**よりよい仕事のやり方の実現，よりよい製品やサービスの提供**に取り組む活動」である．

改善活動には，製品やサービスの**品質向上，コストダウン**，業務ミスの低減，作業効率の向上などがある．このような改善活動は **PDCA** のサイクルによって行われる．

（3） 管理活動

> "管理活動" とは，「**維持活動**と**改善活動**の2つを合わせたもの」である．

管理活動はすべての人，すべての部門，すなわち**組織全体が協力**して取り組むべきものである．組織のすべての人が仕事のレベルを向上させれば，製品やサービスの品質も向上し，**組織全体のレベルも向上**する．管理活動は維持活動と改善活動から構成されており，その関係は図 2.1 のようになる．

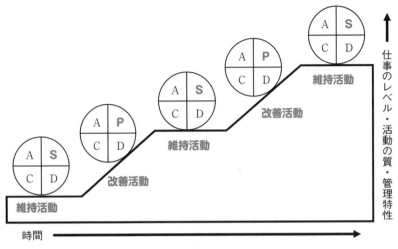

図 2.1　維持活動と改善活動

02-02　仕事の進め方

（1）　組織と仕事

　仕事とは，組織によって与えられた**目的を達成するための手段**である．具体的な仕事の手順や内容は，人や組織によって異なるが，さまざまな人や組織に共通する仕事の進め方の基本がある．一般的に，仕事は **PDCA** の４つの段階を順に行うことで進める．

（2）　PDCA

　"**PDCA**" とは，「**Plan，Do，Check，Act** の４つのステップを確実かつ継続的に回すことによって，プロセスのレベルアップを図るという考え方」である．仕事の質や製品・サービスの品質の向上を図るためには，PDCA をしっかり回すことが必要である．

　Plan：**計画を立てる**

　Do：**計画に従い実施する**

　Check：**実施結果を確認する**

　Act：**確認結果に基づき，処置する**

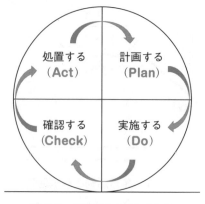

　PDCA の 4 つのステップを順に行い，繰り返すことを，**"PDCA のサイクルを回す"**，**"管理のサイクルを回す"** という．一般的に，PDCA のサイクルは図 2.2 のような円形の図で表される．

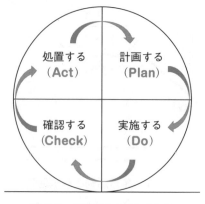

図 2.2　PDCA のサイクル

02-03　PDCA，SDCA

1. PDCA

　仕事の進め方の基本は **"PDCA のサイクルを回す（管理のサイクルを回す）"** ことである．特に，仕事の質のレベルアップや，よりよい品質の製品やサービスを提供するための**改善活動**において，PDCA はよく用いられる．

（1）　Plan(P)：計画する

　　"Plan" とは，「仕事の**計画を立てる**」ことである．

　仕事に取りかかる前に，仕事の**目的**や求められる**成果**を考える必要がある．何のため，誰のため，どのような仕事が必要なのかをはっきりさせることを，**"目的の明確化"** という．

　Plan では，**目的**を明確にし，**目標**を設定し，その目標を達成する**方策**を検討することが必要となる．目的，目標，方策については，表 2.1 のように整理できる．

実際に Plan を立てる際には，**5W1H** の 6 つの要素に分けて考え方を整理すると
よい.

表 2.1　目的・目標・方策

目　的	実現しようとめざす事柄
目　標	実現・達成をめざす水準や具体的な到達点
方　策	目標を実現する手段，方法

(2)　Do(D)：実施する

　"Do" とは，「Plan の**計画に従って**，実際に**仕事を行うこと**」である.

　計画を立てた後は，実際に仕事を行うことが必要になる. ただし，Do の段階は
ただ単に仕事を実行することだけを指すわけではない. 計画を確実に実施するた
めの**準備（資源確保，教育・訓練など）**や，**実施状況の観察およびフォロー**も含ま
れる. 　Do で行われる内容を整理すると，表 2.2 のようになる. 状況によっては，
Do の段階の中で小規模な PDCA を回すこともある.

表 2.2　Do の段階の内容

活動の準備	教育や訓練，必要な資源や機材を準備する
活動の実行	計画に沿って実際に活動する
実施状況の観察	状況を監視し，フォローする

(3)　Check(C)：確認する

　"Check" とは，「**Do** で実際に行った仕事と **Plan** の計画を比較し，活動
状況や実施結果を**確認・点検・評価すること**」である.

　実際に行った仕事について，計画と実施結果の差を比較する. 計画と実施結果の
差から，次のように判断する.
- 計画どおりの場合：計画および実施は適切であるため，引き続き活動を行う.
- 計画どおりでない，目標未達の場合：**原因を究明**し，**Act** で対処する.

　Check を行う際は，計画と実施結果の差を客観的に確認し，その活動状況を評
価できるように，**Plan** の段階で**数値尺度**を準備しておくことが有効である. この

尺度のことを，**管理項目**と呼ぶ．

（4） Act(A)：処置する

"Act" とは，「**Check** の結果を踏まえ，必要に応じて計画と実施結果の差の**原因**や**影響**に対して，**対策を講じること**」である．

計画と実施結果の差があった場合は，その**原因**に対して対策を打つ必要がある．同時に，その原因がもたらした**影響**に対しても対策を打たなければならない．

Act において大事なことは，処置した内容や処置がもたらした結果について記録し，次の **Plan** を行うときに利用することである．こうすることで，同じ原因による計画と実施の差異を**再度発生させることがない**ようにできる．

2. SDCA

"SDCA" とは，「仕事を安定的・継続的に繰り返すために，仕事の進め方を **Standardize, Do, Check, Act** の4つのステップを確実に回していくことが大事であるという考え方」である．なお，**Do, Check, Act** は PDCA と同じである．

過去の経験から方法や手順が十分に確立している仕事や，技術的に変更することができない仕事などの場合，新たによりよい計画を立てるのではなく，**標準を設定し，標準を遵守して仕事を行う**ことが重視される場合がある．このようなときに用いられる仕事のとらえ方が，**SDCA** である．

SDCA においては，環境に応じて**適切な標準を設定**することが重要となる．また，適切な標準を遵守できるように**教育・訓練**を行うことも必要である．

02-04 管理項目

"管理項目" とは，「活動によって**目標を達成**できたかどうかを確認・点検・評価するために，**尺度**として用いられるもの」で，数値化できることが望ましい．

仕事の状況や成果を測定・評価するためには，適切な尺度（ものさし）をあらかじめ定めておく必要がある．事前に定められた管理項目を利用することで，**目標達成**が可能かどうかを評価し，目標達成が難しい場合には原因を追究し，処置を行うことが必要になる．

管理項目は大きく2つに分けることができる．1つは結果を測定・評価するための "**結果系の管理項目**" であり，もう1つは原因を測定・評価するための "**要因系の管理項目**" である．要因系の管理項目は "**点検項目**" と呼ばれることもある．一般的に，結果系の管理項目は上位職（管理者，責任者，リーダーなど）が用いることが多く，要因系の管理項目は下位職（現場作業者，担当者など）が用いることが多い．簡潔にまとめると表2.3のようになる．

具体的にどのような管理項目が用いられるかは組織や仕事によって異なるが，QCD＋PSMEの視点から結果系の管理項目を整理すると表2.4のようになる．

表2.3　管理項目の種類

管理項目の種類	別称	利用者（主として）	視点
結果系の管理項目	**管理点**	**上位職**	**結果の評価**
要因系の管理項目	**点検項目，点検点**	**下位職**	**原因の評価**

表2.4　結果系の管理項目の種類

種　別	管理項目の例
Quality（品質）	**不適合発生数，不良（品）率，返品率**
Cost（コスト，費用）	**製品・部品別原価低減率，工数削減数**
Delivery（納期，工期）	**納期遵守率，納品遅延率，製品在庫数**
Productivity（生産性）	**製品生産数，作業時間**
Safety（安全性）	**労働災害発生件数，ヒヤリ・ハット件数**
Morale（士気，意欲），Moral（倫理）	**欠勤率，遅刻率，小集団活動会合参加率**
Environment（環境）	**二酸化炭素排出量，自然エネルギー利用率**

例題 2.1

下記の文章を読み，正しいものに〇，誤っているものに×をつけよ．

① 改善活動と維持活動は絶対に交互に行わなければならない．

② 管理のサイクル(PDCA)を回すことで，仕事の質の向上を図ることができる．

③ 改善活動は個人の活動であり，組織全体で行う必要はない．

④ 管理活動を適切に行うためには，必要に応じて教育・訓練を行う必要がある．

【解答 2.1】

① ×：**必要に応じて行うものであり，交互に行うと決まっているわけではない．**

② 〇

③ ×：**組織全体で，すべての人が対象であり，お互いに協力して取り組むべきものである．**

④ 〇

例題 2.2

下記の文章は，職場の清掃活動について述べたものを，ランダムに並び変えている．それぞれの内容が，Plan, Do, Check, Act, Standardize のどれに該当するのかを答えよ．なお，複数回用いてもよい．

① 掃除後に目視でチェックしたところ，長さ 2cm のごみが床に張り付いており，掃除機ではとれないことがわかった．

② 掃除の完了は，目視でチェックしたときに長さ 0.5cm 以上のごみが床に残っていないことを基準(尺度)とすることにした．

③ 掃除に必要な掃除機を購入し使用準備を行った．

④ 掃除機では，床に張り付いたゴミ・汚れがとれなかった．そこで，中性洗剤を使ってモップがけを行い，ゴミ・汚れを除去した．

⑤ 掃除機を使って職場を清掃した．

⑥ 工場の床の汚れが目立つため，3月1日に工場の全員が参加し，業務

用清掃マシン・ポリッシャーを用いて洗浄作業を行うことを決定した.

⑦ 清掃活動を効率よく行えるように，専門の清掃用具の開発や作業手順書の作成，定期的な清掃方法の教育を行っている.

【解答 2.2】

① **Check**　② **Plan**　③ **Do**　④ **Act**　⑤ **Do**　⑥ **Plan**

⑦ **Standardize**

例題 2.3

下記の文章を読み，"要因系"と"結果系"のどちらの管理項目かを分類せよ.

① 製品の品質を確認するために，クレーム発生件数を指標として利用した.

② 熱処置工程の処理条件をチェックするため，加熱温度と加熱時間を測定した.

③ 生産性を調べるため，1日あたりの製品生産数を調べた.

【解答 2.3】

① **結果系**　② **要因系**　③ **結果系**

これができれば合格！

- 管理活動（維持活動と改善活動）の理解
- PDCA の各段階と PDCA のサイクル（管理のサイクル）の理解
- SDCA の理解
- 管理項目と点検項目の理解

第**3**章

改　善

　品質管理においては，製品やサービスを継続的に維持，改善していくことが重要である．

　本章では品質管理における“改善（継続的改善）”について学び，下記のことができるようにしてほしい．

- 改善（継続的改善）の理解
- QC ストーリーの理解
- 3ムの理解
- 小集団改善活動の理解
- 重点指向の理解

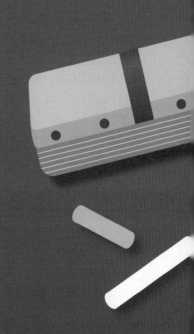

03-01 改善（継続的改善）

"**改善**" とは「物事をよりよいものにすること」であり，品質管理において
は，製品やサービスの品質やコスト，生産性などを改善することである．**継続
的改善**とは，「改善活動を繰り返すこと」である．改善活動は一度限りではな
く，PDCA のサイクルを回して，繰り返して継続していくことが重要である．

品質管理における**改善活動**とは，日常の業務の中の問題（**現状**と**あるべき姿**との
ギャップ）を見つけ，これを取り除くことでよりよい状態を作り出す活動である．
改善活動は日本で独自の発展を遂げ，海外でも "**KAIZEN**" として通じるほど，
世界的に認知された活動となっている．改善活動は，PDCA などのサイクルを繰
り返し回すこと，すなわち**継続的改善**が重要である．

03-02 QC ストーリー

"**QC ストーリー**" とは，「改善活動を効果的，組織的に進めるための手順」
で，一般的に **8 つ**の手順で進められる．

1. QC ストーリーとは

品質管理において，仕事上の問題や課題を解決するための手順を "**QC スト ー
リー**" という．QC ストーリーは，**8 つ**の手順からなる．

第 1 章でも述べたように，品質管理において "**問題**" とは，「現状と**本来あるべ
き姿**」との差，"**課題**" とは「現状と**将来ありたい姿**との差」と定義される．問題
解決や課題達成するための活動は，それぞれ "**問題解決型** QC ストーリー"，"**課
題達成型** QC ストーリー" と呼ばれ，表 3.1 に示すように，進め方が少し異なる．

2. 問題解決型 QC ストーリー

問題解決型 QC ストーリーは，次の手順で進める．

表3.1　問題解決型と課題達成型の手順

手順	問題解決型 QCストーリー	課題達成型 QCストーリー
1	テーマの選定	テーマの選定
2	**現状把握**	**攻め所の明確化と目標の設定**
3	**要因解析**	**方策の立案**
4	**対策の検討・立案**	**成功シナリオの追究**
5	**対策の実施・フォロー**	**成功シナリオの実施**
6	効果の確認	効果の確認
7	標準化と管理の定着	標準化と管理の定着
8	反省と今後の対応	反省と今後の対応

手順1　テーマの選定

　職場内の問題を洗い出し，活動するテーマを選定する．選定においては，会社の上位方針や，改善の効果なども考慮する．

手順2　現状把握

　勘や経験ではなく，**事実やデータ**に基づき，現状にどのような問題があるかを把握し，何をどうよくするのかを考え，目標値を決める．

手順3　要因解析

　ブレーンストーミングなどを利用して，問題に影響していると考えられる要因を洗い出す．洗い出した要因は，QC七つ道具の一つである"**特性要因図**"などを用いてまとめる．抽出された要因を解析し，**重要要因について**対策項目を決める。

手順4　対策の検討・立案

　新QC七つ道具の**系統図**などを用いて，効果，実現性，コストなどの観点から，手順3でまとめた要因の中から取り上げる要因を絞り込み，対策の実施計画を立案する．

手順5　対策の実施・フォロー

　手順4でまとめた対策を実施する．

手順6　効果の確認

　グラフなどを用いて，対策の効果があったかを**定量的**に評価する．

　効果が見られなかった場合は，目標達成に対して何が不足していたのかを分析し，**手順3～5に戻り，繰り返す**．

手順7 標準化と管理の定着

効果が確認された場合は，対策結果を定着させるために，**作業標準書**，**チェックシート**などを作成し，**標準化**する．

手順8 反省と今後の対応

改善活動でうまくいった部分，いかなかった部分を振り返り，次回の改善活動につなげる．

図 3.1 に問題解決型 QC ストーリーの概要を示す．問題解決型 QC ストーリーと各手順において，よく使用される有効な QC 手法をまとめたのが表 3.2 である．

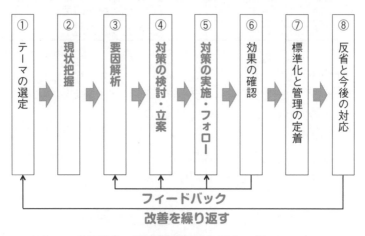

図 3.1 問題解決型 QC ストーリー

なお，問題解決型 QC ストーリーの手順はいろいろな手順が提唱されており，例えば，

手順 1 テーマの選定
手順 2 現状の把握と目標の設定
手順 3 活動計画の作成
手順 4 要因の解析
手順 5 対策の検討と実施
手順 6 効果の確認
手順 7 標準化と管理の定着
手順 8 反省と今後の対応

などがある．

表 3.2　問題解決型 QC ストーリーの標準的な手順

手順	基本ステップ	実施事項	有効な QC 手法
1	テーマの選定	• 問題をつかむ • テーマを決める	**グラフ**，パレート図
2	現状把握	現状の把握 • 事実を集める • 攻撃対象（管理特性）を決める 目標の設定 • 目標（目標値と期限）を決める	**パレート図**，**チェックシート**，**グラフ**，散布図，層別，ヒストグラム
3	要因解析	• 管理特性の要因を洗い出す • 要因を解析する • 対策項目を決める	**特性要因図**，ヒストグラム，グラフ，散布図，層別，管理図，チェックシート，ブレーンストーミング
4	対策の検討・立案	対策の検討 • 対策のアイディアを出す • 対策の具体化を検討する	ブレーンストーミング
5	対策の実施・フォロー	対策の実施 • 実施方法を検討する • 対策を実施する	
6	効果の確認	• 対策結果を確認する • 目標値と比較する • 効果（有形・無形）をつかむ	グラフ，管理図，チェックシート，パレート図，ヒストグラム
7	標準化と管理の定着	標準化 • 標準を制定・改訂する • 管理方法を決める 管理の定着 • 関係者に周知徹底する • 担当者を教育する • 維持されていることを確認する	チェックシート，管理図，グラフ，ヒストグラム
8	反省と今後の対応	今までの活動の反省 • 解決された程度，未解決の部分を把握する • 活動プロセスの反省 今後の対応 • 今後解決すべき問題の明確化	

3ム

> 改善活動の中で問題に気付くための重要な視点として，**ムリ**，**ムラ**，**ムダ** の3つの排除が挙げられ，これらの頭文字をとって，"**3ム（さんむ）**"という．

改善活動において，工程のどこに問題が潜んでいるのかを見つけることが重要になる．工程が抱えている問題に気付くための視点として，**ムリ**，**ムラ**，**ムダ**の3つが挙げられ，これらの頭文字をとって**3ム**という．**3ム**に着目し，これらを**排除**することで，効率よく問題解決することができる．

【ムリ（無理）】

"**ムリ**"とは，「行いにくいこと，することが困難なこと」などをいう．

例：力のいる作業，しゃがむ・背伸びなどが必要な作業，長時間，集中力が必要な作業など，作業に"**ムリ**"があると，労働災害，設備の故障などにつながり，安定した生産活動の継続がむずかしくなる．

【ムラ】

"**ムラ**"とは，「不揃いなこと，一様でないこと，ばらつきがあること」をいう．

例：作業者間の能力の違い，仕事量の偏り，一定しない作業方法，不定期な作業など，作業に"**ムラ**"があると，品質のばらつきや品質異常，納期遅れなどにつながる．

【ムダ（無駄）】

"**ムダ**"とは，「役に立たないこと，付加価値を生まない作業のこと」をいう．

例：作業動線が悪い，手待ちの時間がある，部品を取り出す際に探す必要がある，廃棄物が出るなど，作業に"**ムダ**"があると，製品の納期遅れや，製造コストの増加などにつながる．

工程の「負荷（作業量）」と「能力（キャパシティ）」が等しい状態が理想的な作業環境であり，負荷と能力のバランスがくずれると**3ム（ムリ・ムダ・ムラ）**が発生する．工程の**負荷**が増えれば"**ムリ**"な作業が発生し，**能力**が上がれば人員が余り，"**ムダ**"につながる．負荷と能力の**バランスが安定しない**と，"**ムラ**"が発生する．このように，3ムの原因としては，人員配置や生産計画が不適切な場合が多く，このバランスをどのように均衡させるかが重要である．

03-04 小集団改善活動

"**小集団改善活動**"とは,「職場内の共通の目的をもつ人々が QC 手法など を活用し,構成員の知識・技能・意欲を高めるとともに,組織の目的達成に 貢献する維持向上,改善活動のこと」である.**小集団改善活動は,QC サー クル活動**と呼ばれることもある.

継続的な品質改善に向けての取組みとして,**小集団改善活動**がある.**小集団**と は,職場内の共通の目的およびさまざまな知識・技能・見方・考え方・権限などを もつ少人数からなる小グループである.

小集団改善活動では,小集団ごとに QC 手法などを活用し,職場の問題を改善 する活動を行う.**QC サークル活動**では,職場の改善だけでなく,活動を通じた能 力の向上や職場の活性化,仕事のやりがいなどをめざした活動を行う.

03-05 重点指向

"**重点指向**"とは,「問題解決に向け,安易なものから取り組むのではなく, 解決が困難でも結果への影響が大きいものから取り組んでいく考え方」のこ とをいう.

1. 重点指向とは

改善活動を行う際,すべての問題に取り組もうとしても,結局,すべての活動が 中途半端になってしまい,逆に効率的でなくなる場合がある.また,根本的な対策 でない安易なものから取り組んでも,大きな改善効果にはつながらない.改善効果 が大きいものに高い優先順位を与え,解決が困難であっても優先順位の高い順に取 り組んでいくほうがより効果的である.

このように,改善効果が大きく,より重要なものに焦点を絞って改善活動してい く考え方を**重点指向**という.

2. パレート図

重点指向するうえで，**パレート図**を用いた分析（**パレート分析**）がよく行われる．**パレート図**とは，製品の不適合品や故障などの数値が大きいものから並べた棒グラフと，その数値の累積百分率を表す折れ線グラフの複合グラフである．**パレート図**により，不適合品や故障などの問題について，「どの項目に問題が多いか」，「その影響がどの程度か」を確認することができる．

図 3.2 は，ある製品の不適合項目と不適合数のパレート図である．不適合項目のうち，「傷」，「欠け」の上位 2 項目が不適合数全体の約 8 割を占めていることがわかる．よって，この製品の不適合を改善するためには，この 2 項目から優先して取り組めばよいとわかる．

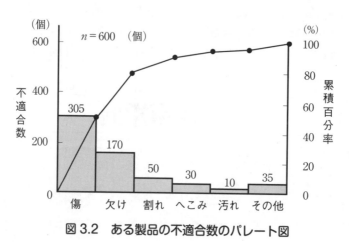

図 3.2　ある製品の不適合数のパレート図

3. パレートの法則

図 3.2 のように，多くの分類項目があっても，大きな影響を与えているのは上位の 2 〜 3 項目であることが多く，このことを**パレートの法則**と呼ぶ．

パレートの法則とは，全体の中では少数の項目が，全体に対して大きな影響力をもっているという**法則**をいう．

仕事において起こる問題の少数の原因が，全体の結果の大部分につながっているということは，この少数の原因を解決すれば問題の大部分が解決することを意味している．改善活動においても，人，時間，お金という資源を最大限有効に使うため

に，影響が大きいものから重点的に対策することが重要である．

パレートの法則が当てはまる例は，他にも下記のようなものがある．

- 売上の **70 ～ 80%**は，全顧客の上位 **20 ～ 30%**が占めている
- 売上の **70 ～ 80%**は，全商品のうちの **20 ～ 30%**の品種によって得られている
- 仕事の成果の **70 ～ 80%**は，費やした全時間のうちの **20 ～ 30%**の時間で生み出される

例題 3.1

改善活動に関する次の文章において，□□□□内に入るもっとも適切なものを下欄のそれぞれの選択肢から1つ選べ．ただし，各選択肢を複数回用いることはない．

① 改善活動とは，現状と　(1)　とのギャップを見つけ，これを取り除くことでよりよい状態を作り出す活動である．また，海外においても，　(2)　と呼ばれて通じるほど，世界的にも知られた活動である．

改善活動は，一度きりではなく　(3)　に行うことが重要である．

【(1)から(3)の選択肢】

ア．断続的　　イ．継続的　　ウ．KAIKAKU　　エ．KAKUSHIN
オ．KAIZEN　　カ．ありたい姿　　キ．あるべき姿

② 改善活動における改善の着眼点としては，　(4)　を見つけ，排除することが有効である．作業に使用する工具を毎回探すことは，　(4)　の中の　(5)　であり，手の届きにくい高い場所のスイッチを押す作業は，　(4)　の中の　(6)　である．

③ 改善活動を進めるために，職場内でグループを作り，職場内の問題を改善する活動を　(7)　という．

【(4)から(7)の選択肢】

ア．4M　　イ．5W1H　　ウ．3ム　　エ．ムシ　　オ．ムリ
カ．ムラ　　キ．ムダ　　ク．QC サークル活動
ケ．ブレーンストーミング

【解答 3.1】

(1) **キ．あるべき姿**　　(2)　**オ．KAIZEN**　　(3)　**イ．継続的**

(4) **ウ．3ム**　　(5)　**キ．ムダ**　　(6)　**オ．ムリ**

(7) **ク．QC サークル活動**

例題 3.2

　問題解決型 QC ストーリーに関する次の文章で，正しいものには○を，正しくないものには×を選べ．

① 問題解決型 QC ストーリーは，現状とありたい姿とのギャップを解消したい場合に用いるとよい．

② 現状の問題を把握するためにチェックシートを作成し，データ収集した．

③ 効果の確認で，思うような結果が得られなかったため，要因解析に戻り，やり直すことにした．

④ 活動の結果，直面する問題が解決できたため，そのまま活動を終了した．

【解答 3.2】

① × **問題解決型 QC ストーリーは，現状とあるべき姿のギャップを解消するために用いる．**

② ○

③ ○

④ × **標準化と管理の定着，および活動を反省するとともに，残された問題点や課題を明確にする．**

例題 3.3

　重点指向に関する次の文章において，　　　　　　内に入るもっとも適切なものを下欄のそれぞれの選択肢から 1 つ選べ．ただし，各選択肢を複数回用いることはない．

　効率よく品質改善するためには，　(1)　ではなく，　(2)　を優先して，

改善項目を絞って活動することが重要である．改善項目を絞るために，__(3)__ を用いた分析が有効である．__(3)__ では，多くの分類項目があっても，上位の2〜3項目が大きな影響を与えている項目がわかる．これは，__(4)__ と呼ばれる経験則に基づいている．

【選択肢】
　ア．改善効果の大きいこと　　イ．とりあえずできること
　ウ．ヒストグラム　　エ．パレート図　　オ．ハインリッヒの法則
　カ．パレートの法則　　キ．マーフィーの法則

【解答 3.3】
　（1）　**イ．とりあえずできること**　　（2）　**ア．改善効果の大きいこと**
　（3）　**エ．パレート図**　　（4）　**カ．パレートの法則**

これができれば合格！

- 改善（継続的改善）の理解
- QC ストーリーの説明
- 3ムの理解
- 小集団改善活動の理解
- 重点指向の理解

第4章

工　程

　製品は，いくつもの加工や組立段階を経て製品
となる．これらの段階を，品質管理では工程(プ
ロセス)と呼ぶ．

　本章では"工程(プロセス)"について学び，下
記のことができるようにしてほしい．

- 工程(プロセス)の理解
- 前工程と後工程の理解
- 工程の5Mの理解
- 異常の理解

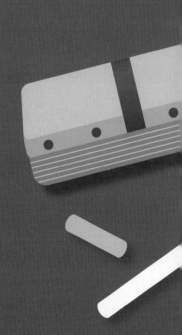

04-01 工程（プロセス）とは

> **"工程"** とは，「何かを作り出す，あるいは，達成するための仕事の手順，順序，過程のこと」をいう．**プロセス**とは，「ある価値を付与し，アウトプットを生成する活動」のことをいう．

製品が完成するまでには，いくつもの加工や組立段階が必要であり，それらを**工程**と呼ぶ．**工程**は製品を製造することだけではなく，製品の企画や設計，製造に必要な原材料の調達，製造した製品の検査，製品の販売など，さまざまな活動が対象となる．

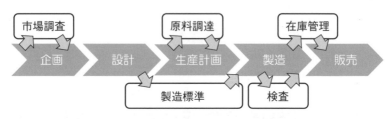

図 4.1　さまざまな工程（プロセス）

プロセスには，**インプット**，**アウトプット**があり，**インプット**を**アウトプット**に変換する機能をもっている．

図 4.2　カレーを作るプロセスのインプット，アウトプット

図 4.2 のカレーを作るプロセスの例では，インプットはカレー粉，野菜，肉などの原材料で，アウトプットはプロセスによってできあがった品物がカレーということになる．つまり，プロセスの役割は，インプットに付加価値を与え，結果をアウトプットすることといえる．工程とプロセスは，実務では同義語と見なされている．

前工程と後工程

　製品は 1 つの工程からできるわけではなく，いくつかの工程がつながってできている．各工程の前後に直接つながっている工程を，それぞれ "**前工程（まえこうてい）**"，"**後工程（あとこうてい）**" という．自工程のできばえが後工程のできばえにつながることから，「**後工程はお客様**」という意識で，自工程で品質の責任をもつことが重要である．

1．前工程と後工程

　4.1 節で述べたように，製品の製造が完了するまでにはさまざまな工程がつながっている．その中でも，自工程から見て直前の工程と直後の工程を，ぞれぞれ**前工程**，**後工程**と呼ぶ．

図 4.3　前工程と後工程

　図 4.3 のように，前工程のアウトプットは自工程のインプットになり，自工程のアウトプットは，後工程のインプットとなる．そのため，前工程に問題があると，自工程で品質のよいものを作ることがむずかしくなり，逆に，自工程に問題があると，後工程で品質のよいものを作ることがむずかしくなる．

　工程（プロセス）に対する考え方として，「**品質は工程で作り込め**」という言葉がある．検査工程で製品のできばえを確認したからといって，品質がよくなることにはつながらない．それぞれの工程で責任をもって，よいものやサービスを後工程に流す，という意識と行動が重要である．

2．後工程はお客様

　「**後工程はお客様**」とは，「お客様に接するのと同じように自分の担当した業務をきちんと処理して，後工程に自身の業務の結果を引き渡そう」という考え方である．この考え方が実践されると，後工程の担当者の業務の効率化や，不具合の防止など

の効果が期待できる．普段，顧客と接点のない工場などにおいても，全従業員が顧客を意識したものづくりをすることで，より顧客に喜ばれる製品やサービスを提供することができる．

工程の5M

製造ラインを正常に機能させ、製品の品質を管理するための要素として，"人(Man)"，"機械・設備(Machine)"，"原材料(Material)"，"方法(Method)"，"検査，測定(Measurement)"の5つが重要であり，それぞれの頭文字を取って，**工程の5M**と呼ばれる．

製品を生産する過程で品質に影響を及ぼす重要な要素として，**人(Man)**，**機械・設備(Machine)**，**材料(Material)**，**方法(Method)**の4つがある．これらの頭文字をとって**生産の4M**という．生産の4Mに**検査，測定(Measurement)**を加えて，**工程の5M**ということもある．

（1） 人(Man)

作業者の能力にばらつきがあると，製品の品質にばらつきが発生する，

＜主な対策＞

• 各人の担当業務に対して，適切な教育を行う．

• ルールを決め，その目的や守らないと発生する損失，障害を理解させる．

（2） 機械・設備(Machine)

機械や設備の調子が悪いと，製品の品質にばらつきが発生する，

＜主な対策＞

• 作業前に必ず，機械や設備の条件や精度をチェックする．

• 機械や設備の条件設定を作業標準に落とし込む．

• 機械や設備の点検，整備をきちんと定期的に行う．

（3） 原材料(Material)

材料や部品にばらつきや不良品があると，製品の品質にばらつきや不良品が発生する，

＜主な対策＞

• 材料や部品の受入れ段階で，特性が規格内であることを確認する．

- 材料，部品の品質に問題がある場合は，資材部，購買部，品質保証部などを通じて，取引先に再発防止や品質改善を要求する．

（4） 方法(Method)

加工，組立の作業順序や作業条件，作業方法が異なると，製品の品質にばらつきが発生する．

＜主な対策＞

- 作業手順，作業方法を定め，「作業標準書」や「QC 工程表」を作成する．
- 「作業標準書」どおり作業が行われるように，教育，訓練を行う．
- 品質改善などで，作業方法が変更された場合は，必ず「作業標準書」や「QC工程表」を改訂する．

（5） 検査，測定(Measurement)

測定機器の精度，測定条件，測定方法や測定者の技能などによって，測定データにばらつきが発生する．

＜主な対策＞

- 測定機器の点検や校正などを行い，「かたより」や「ばらつき」を少なくする．
- 測定機器の測定方法や製品の「合否」の識別方法の標準化を行う．
- 測定者の技能を高める教育・訓練を行う．

工程の 5 M は，製品を製造する際の品質管理の要素として絶対に欠けてはならない項目である．生産やサービスの現場で品質管理を適切に行うための基本的要素が 5M である．

04-04　異　常

"**異常**" とは，「工程や製品が何らかの原因で，通常と異なる状態になること」をいう．製品の特性がばらつく原因として，異常原因によるものと，偶然原因によるものに分けられるが，異常とは**異常原因**によるものを指す．

工程は正しく管理されていても，必ずばらつきをもっている．ばらつきの原因にはさまざまなものがあるが，正しく作業していても発生してしまう，やむを得ない原因を**偶然原因**という．**偶然原因**は，技術的あるいは経済的に取り除くことが困難な場合が多い（図 4.4）．

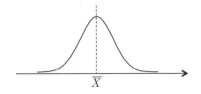

図 4.4　偶然原因によるばらつき

＜**偶然原因**によるばらつきの例＞

- 成形した製品の寸法のばらつき.
- 容器に充填した飲料の重量のばらつき　など.

一方，作業の不備や設備の異常など，何らかの異常による原因を**異常原因**という．**異常原因**により，図 4.5 のように，工程の平均値が移動したり，ばらつきが変化したりする.

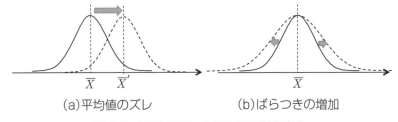

(a)平均値のズレ　　　　　　(b)ばらつきの増加

図 4.5　異常原因による工程品質の変化

異常原因は見逃すことのできない原因で，対策を取り確実に除去する必要がある.

＜**異常原因**の例＞

- 作業手順を守らなかったため，製品の不良が出た.
- 装置の故障で，オーブンの温度が下がり，製品の硬化性が変化した.
- 原材料に異物が混入していたため，外観不良が発生した.

工程のばらつきの原因は大きく分けて，**異常原因**によるものと**偶然原因**によるものに分けられる．工程管理においては，異常原因と偶然原因をはっきり区別させ，**異常原因**によるばらつきを除去することが重要である.

このような考え方で工程の異常を検知するための手法として，**管理図**がある．**管理図**を用いることで，工程が偶然原因によってのみばらつく状態（統計的管理状態）であるかどうかを見分けることができる.

例題 4.1

工程に関する次の文章で正しいものには○，正しくないものには×を選べ．

① カレーを作る工程において，材料をカットする工程は，材料を炒める工程から見て，後工程になる．

② 自工程で加工した部品に寸法異常が発生したが，自工程で改善しないで，後工程での調整を依頼してすませてもよい．

③ ラーメンを製造する工程において，スープは工程の5Mの中の「方法（Method）」である．

④ 品質にばらつきが生じている場合は，偶然原因によるものか，異常原因によるものかを見極め，異常原因によるばらつきに対して対策を取るべきである．

【解答 4.1】

① ×

材料をカットした後，炒める工程になるため，材料をカットする工程は，材料を炒める工程から見て，前工程である．

② ×

自工程の品質に責任をもち，「後工程はお客様」の意識で後工程に品質の悪いものを流さないようにすべきである．

③ ×

ラーメンにとってのスープは，原材料（Material）である．

④ ○

異常原因は見逃すことのできない原因で，対策をとり確実に除去する必要がある．偶然原因によるばらつきは，技術的，経済的に対策することが難しいことが多い．

これができれば合格！

- 工程（プロセス）の理解
- 前工程と後工程の理解
- 工程の5M，生産の4Mの理解
- 異常の理解

第5章

検 査

品質管理では，お客様の要求にあった製品や
サービスを提供するために，要求事項を満足して
いるものと満足していないものを判定して分ける
ことが必要である．この活動を"検査"という．

本章では検査について学び，下記のことができ
るようにしてほしい．

- 検査の意味と各種の検査についての説明
- 適合(品)，不適合(品)の意味の説明
- ロットの合格・不合格の意味の説明

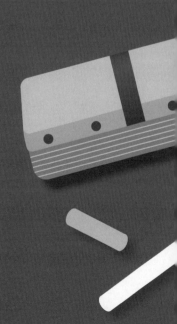

検査とは

"**検査**" とは，「製品やサービスについて**計測**や**試験**を行い，お客様の要求や規格で定められた**要求事項**と比較して，**適合**しているかどうかを**判定**する活動」である．

お客様（顧客）に喜ばれる製品やサービスを提供するためには，製品やサービスが，お客様の要求や規格で定められた要求事項を満足しているかどうかを判定して，満足していないものについては後工程やお客様にわたらないようにする必要がある．

この判定を行う行為が**検査**である（図5.1）．同じような言葉に**試験**があるが，**試験**は何らかの特性値を調べることであり，適合・不適合の判定を伴わない場合もあるため，必ず判定を行う検査とは異なり，区別して取り扱う．

"**計測**" とは，「特定の目的をもって，測定の方法および手段を考究し，実施し，その結果を用いて初期の目的を達成させること」である．

例えば，部品の寸法が規格に比べてどうなっているのかを調べるために，特殊な測定ゲージを製作して，部品の寸法を測る場合が計測である．

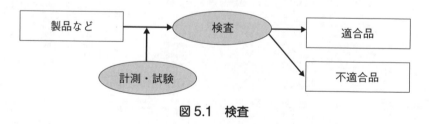

図5.1 検査

検査の重要な機能は，お客様や後工程に不適合品を流出させない，という品質保証である．また，検査の結果は製造工程（プロセス）がうまくいっているのかという判断材料になる．検査の結果や情報を製造工程にフィードバックして，プロセスの改善を促すことも，検査の重要な機能である．

第5章 検査

05-02 適合(品)，不適合(品)

"**適合(品)**" とは，「検査によって，お客様の要求や規格で定められた**要求事項を満足していること(もの)**」である.

"**不適合(品)**" とは，「検査によって，お客様の要求や規格で定められた**要求事項を満足していないこと(もの)**」である.

品質保証するうえで検査した結果，製品やサービスが定められた基準や規格を満たしている状態を**適合**といい，満たしていない状態を**不適合**という. それぞれが品物を指す場合は，**適合品・不適合品**という.

同じような言葉に，古くから用いられている「**不良(品)**」があるが，不良(品)は広くよい状態ではないこと(もの)をいうのに対し，近年では，定められた要求事項を満たさないものという意味である，「**不適合(品)**」が使われる.

また，**不具合**という言葉もある. 不具合は，ものごとの調子や状態がよくないことやそのさまを表す.

05-03 ロットの合格・不合格

"**ロット**" とは，「等しい条件下で生産され，または生産されたと思われる品物の集まり」である.

1. ロットとは

例えば，ある1日に同じ機械で生産された精密部品100個の集まりは，同じ日，同じ機械，同じ作業者で製造されているという共通点があるので，1つのロットと考えることができる. 1つのロットの中の製品の個数などを，ロットの大きさ(ロットサイズ)という. この場合のロットの大きさ(ロットサイズ)は100である.

サービスについてもロットを考えることができる. 例えば，あるコールセンターにおいて，あるオペレーターのある1日の電話応対した問合せ件数の集まりを1

つのロットとすることができる.

2. ロットに対する検査

検査は，個々の製品やサービスだけでなく，ロットに対して行う場合もある(図5.2).

図 5.2　ロットの検査

ロットに対する検査は，ロットから**サンプル**を抜き取り，**サンプル**に対して計測や試験を行い，あらかじめ定められた基準を満足しているかどうかを判定する検査が行われることが多い．このような検査を**抜取検査**という．また，判定はロット全体に対して行われ，基準を満足している場合は**合格**，満足していない場合は**不合格**という．

以上のように，ロットに対する検査は，計測や試験は**サンプル**に対して行われるが，合否の判定は**ロット全体**に対して行われることに注意する.

05-**04**　　　**検査の種類**

製造の工程を「**原材料などの受入**」，「**加工などの工程**」，「**完成した製品の出荷**」と大きく3つの段階で考えると，それぞれの段階で「**受入検査・購入検査**」，「**工程内検査・中間検査**」，「**最終検査・出荷検査**」の検査が行われる.

1. 製造段階別の検査

図 5.3 に製造段階別の検査の種類を示す.

(1)　受入検査・購入検査

原材料を購入する際に**受入れ時点**で検査を行う．また、加工した部品などを**購入**

図 5.3　製造工程の段階別で行う検査

する際にも実施する．検査に合格したものを工程に流す．

　社内の前工程から原材料などを受け入れる場合に行う検査も受入検査と呼ぶ．

（2）　工程内検査・中間検査

　一連の工程の中で行われる検査で，**中間製品**を次の工程に送ってよいか，あるいは次工程は受け入れてよいかを判断するために行われる．

（3）　最終検査・出荷検査

　完成した製品をお客様に提供してよいかを判断するための検査を最終検査と呼ぶ．完成した製品を一旦倉庫などに保管していた場合，出荷の際に，梱包や運搬，保管期間などで品質が劣化していないかをあわせて確認する検査を**出荷検査**と呼ぶ．

2.　方法別の検査

> 検査の方法には，**全数検査**，**抜取検査**のほか，**無試験検査**などがある．

（1）　全数検査

　対象となるすべての製品などを検査することを**全数検査**という．全数検査は，時間や手間がかかるため，不適合品が**1つでも含まれることが許されない場合**に実施する．特に**人命**にかかわる恐れのある製品や不適合品の流出による**経済的損失**が非常に大きい場合などに適用される．

（2）　抜取検査

　ロットから採取したサンプルによってロット全体の合否を判定する検査を**抜取検査**という．抜取検査はロットの中の製品すべてを検査しているわけではないので，合格したロットであってもロット中に**不適合品**が含まれることがある．したがって，お客様において，ある程度**不適合品**の**混入が許される場合**に適用される．ま

た，検査が**破壊検査**である場合やコイル状，液状，粉体の品物の場合，多量・多数の品物の場合などにも適用される.

（3） 無試験検査

測定や試験を行わず，提出された資料だけで判定する検査を**無試験検査**という. 購入先からの品質情報や検査情報に基づき，受入側の測定や試験を行わずに判定する検査である.

3. 性質別の検査

> 検査には，性質別に，**破壊検査**，**非破壊検査**，**官能検査**などがある.

（1） 破壊検査

測定や試験の際に対象物が一部または全部破壊され，機能が失われてしまう検査を**破壊検査**という. 例えば，製品の強度を測定するために外部から力をかけていき，製品が壊れた時点での力（強度）を測定する場合などである. 破壊検査は製品の機能が失われてしまうため，**全数検査**には適用できない.

（2） 非破壊検査

測定や試験の際に対象物を破壊することなく実施する検査を**非破壊検査**という. 例えば，放射線，超音波，電磁誘導，蛍光塗料などを使って試験を行うものなどがある.

（3） 官能検査

測定や試験の際に人間の五感（視覚，聴覚，味覚，嗅覚，触覚）を用いる検査を**官能検査**という. 目，耳，舌，鼻，手指を使って測定を行うものである. 例えば，染め上がりの布の色を目で見て判定する，スープのでき具合をスプーンですくって味を確かめてみるなども官能検査である.

4. 代用特性

> **"代用特性"**とは，「要求される品質特性を直接測定することが困難な場合，同等または近似の評価として用いる他の品質特性」である.

破壊検査は，対象となるものの機能が失われてしまうので，適用が困難な場合がある. 例えば，大型の鉄鋼製品の破壊強度を直接測定することは，製品自身が破壊されてしまうので適用ができない. このため，製品の表面硬度を測定して破壊強度の代わりにすることが行われる. この場合，破壊強度の代用特性が表面硬度とい

うことになる．代用特性は，要求される品質特性を直接測定しているのではないので，品質特性と代用特性の間の関係を事前に十分確認する必要がある．

05
I
04

検査の種類

例題5.1

次の文章のうち，検査にかかわる内容が述べられているものをすべて選べ．

① プロ野球の球場の指定席には，内野席，ネット裏などの種別があり，すべてのシートにシート番号が表示されている．

② プロ野球選手のユニフォームは，各選手の体を採寸し，オーダーで製作される．

③ プロ野球では，くじ引きで決まった選手から尿や血液を採取して「禁止物質」が検出されるかどうかを調べている．

④ プロ野球の各球場では，投手の投げた球の球速を，スピードガンによって測っている．

⑤ プロ野球で使われる硬球はボールの反発力のテストが行われ，反発係数が基準を満たすボールが合格となる．

⑥ プロ野球の公式戦では，すべての試合で入場者数をカウントしている．

【解答5.1】

③，⑤

③はドーピング検査といわれ，尿や血液から禁止物質が検出された場合は「陽性」と判定される．検査といえる．

⑤は反発力の試験を行い基準に合格したボールには公認マークが付けられる．検査である．

他は，測定や表示は行っているが判定を伴っていないので検査とはいえない．

例題5.2

次の文章は，検査にかかわる用語と関係がある．もっとも適切なものを下記の選択肢から一つ選べ．

---

① 店頭でカレーの重量を測定し，容器に入れて販売している．商品の規格に従って総重量が 300g 以上のものだけを並べている．

② カレーは，肉，野菜，香辛料，食用油，その他調味料を他店から購入して，自店舗で作っている．このうち，肉にはこだわりがあり，産地，脂の割合，鮮度など独自に決めた基準にあっているかを確認している．

③ できあがったカレーは容器に入れて，重量を測定するほか，容器からのもれやよごれがないかなどを確認する．

④ 最近は塩分を気にするお客様も多いので，煮ている大鍋をよくかき回したあと，スプーンですくったカレーを塩分濃度計で塩分測定し，合否判定している．

⑤ 新メニューのカレーを試作した．できあがったカレーを冷蔵庫で一晩寝かせ，塩味・酸味のほか，色，香辛料の香り，スプーンの手ごたえによる濃度などを確認した．

【選択肢】

ア．官能検査　　イ．抜取検査　　ウ．最終検査　　エ．適合品

オ．受入検査

【解答 5.2】

① エ．適合品　　② オ．受入検査　　③ ウ．最終検査

④ イ．抜取検査　　⑤ ア．官能検査

例題 5.3

次の検査にかかわる文章において，□□□ 内に入るもっとも適切なものを選択肢から選べ．

① 検査は，お客様や規格の □(1)□ を満足しているかどうかを □(2)□ するものであり，満足していないものは □(3)□ として取り除くなどの処置を行う．

② 金属材料の強度を検査するために，サンプルを引張試験機にかけて破断した時点の力を測定する．このような検査は □(4)□ である．□(4)□

は， (5) には適用できないので，コイル状の金属製品などでは，コ
イルの端からサンプルを採取して引張試験を行い，コイル全体の強度を
検査する．このような検査を (6) という．
③　金属の鋳物（溶けた金属を冷やして固めたもの）では，内部に空洞がな
いことが求められることがある．製品を切断すれば，空洞の有無は判
定できるがこれも (4) であり，切断してしまうと製品として用を
なさない．このような場合，超音波を使って金属内部の様子を調べる
  (7) が適用される．超音波は内部に空洞があると反射されるという
性質を利用している．空洞の形や大きさという品質特性に対して，反射
された音波は (8) ということになる．
【選択肢】
ア．非破壊検査　　イ．要求事項　　ウ．破壊検査　　エ．抜取検査
オ．不適合品　　カ．代用特性　　キ．適合品　　ク．全数検査
ケ．判定

【解答 5.3】
(1)　**イ．要求事項**　　(2)　**ケ．判定**　　(3)　**オ．不適合品**
(4)　**ウ．破壊検査**　　(5)　**ク．全数検査**　　(6)　**エ．抜取検査**
(7)　**ア．非破壊検査**　　(8)　**カ．代用特性**

これができれば合格！
- 検査の意味の説明
- 適合（品），不適合（品）の意味の説明
- ロットの意味とその合格・不合格の説明
- 各種検査の意味の説明

第6章

標準・標準化

　企業活動において，安定した品質の製品・サービスをお客様へ提供するうえで，各組織で行う仕事に関し，効果的にばらつきを抑え，間違いなく進めていくために標準化が重要となってくる.

　本章では，この標準化について学び，以下のことができるようにしてほしい.

- 標準化ならびに標準の理解と説明
- 業務・品物に関する社内標準とその他のさまざまな標準に関する理解と説明

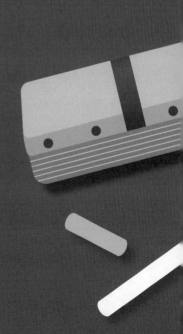

06-01 標準化とは

> "**標準化**"とは，「物や仕事のやり方について，もっとも優れた方法と考えられるものを標準として定め，これに従って活動する」ことをいう.

JIS Z 8002 では，"**標準化**"とは，「実在の問題または起こる可能性がある問題に関して，与えられた状況において最適な秩序を得ることを目的として，共通に，かつ，繰り返して使用するための記述事項を確立する活動」と定義している。

企業活動において，複数の人たちが，正確に，要領よく，ムダなく，スムーズに行動できるようにルール化することが必要であり，ルール化してそのルールに従って行動することが"**標準化**"である.

> "**標準**"とは，「関係する個人又は組織の間で利益又は利便が公正に得られるように統一・単純化を図る目的で定めた取決め(JSQC-Std 00-001：2018)」である.

文書化された標準は一般に"**標準書**"と呼ばれ，仕事や作業をするうえで，最も適切なやり方が記載されている。この標準書のとおり仕事や作業を行えば，作業ミスを防止し，効率的に進めることができる。いいかえれば，標準化されていなければ，仕事や作業のできばえ(品質)にばらつきが発生し問題が生じたり，場合によっては，手戻りが発生し，能率の低下などの影響を与えてしまう。

したがって，標準化を進めることで，それに関係する人が多ければ多いほどその効果は大きく発揮される。そのため，産業界においては，国際的あるいは国家的な規模で標準化されたものもある。詳細は 6.3 項で説明する。

標準化をうまく進めるためには，まず，標準化しようとしている対象に対して，標準化する目的を明確にする必要があり，その目的は，関係する人が十分理解でき，協力できるようなものでなければならない。特にその目的がはっきりしているのであれば，潜在的な標準として留めるのではなく，顕在化させたほうが，作業のばらつきや抜け漏れ，誤りを防ぐことができ，効果的・効率的になる。

製造現場においては，例えば，溶接や研磨のような，熟練技術者の勘・コツによる手作業が行われ，文書で表現しにくい作業も存在するため，実際，潜在的な標準は避けられない。一方で，潜在的な標準は，伝えることはできるが，人から人へ伝

える際に，伝言ゲームのように，情報が欠落することも十分考えられ，さらには，人から人へ伝える際に時間もかかる．したがって，目的や作業の重要度によって，できる限り標準を文書化することを検討する必要がある．最近では，画像処理技術やタブレット端末などの発展，AI・IoT 技術の発展により，従来の紙による文字や絵だけで作成された手順書ではなく，動画を使った手順書のデジタル化も進んでいる．標準は新入社員や転入者の教科書として，業務の進め方に行き詰ったときに立ち戻る拠りどころとしても使われている．

06-02 業務に関する標準と品物に関する標準（規格）

1．業務に関する標準と品物に関する標準（規格）

一般に，標準のうち，製品・サービス，プロセスまたはシステムに直接・間接に関係する技術的事項について定めた取決めを **“規格”** という．また，主として組織や業務の内容・手順・手続き・方法に関する事項について定めた取決めを **“規定”** という．したがって，標準は，“業務に関するもの”と“品物に関するもの”に区別され，「品物に関する標準のこと」を **“規格”** と呼び，「業務に関するもの」が **“規定”** といえる．

「個々の会社内で会社の運営，成果物などに関して定めた標準のこと」を **“社内標準”** （JIS Z 8002：2006）といい，この社内標準は，企業活動を適切に，かつ合理的に行ううえで守らなければならないルールである．さらに，企業において品質管理活動を行っていく中で，**SDCA** を回していくうえでも，この社内標準は非常に重要となってくる．

また，企業においては，企画，設計，研究・開発，生産計画，購買・外注，製造，検査，販売，サービスとさまざまな仕事が関連し合って，製品・サービスを提供している．社内標準は，それぞれの仕事や組織，ならびに材料，部品，製品・サービスに対して定められたルールであり，それぞれに適用する多くの社内標準が存在する．そのため，社内標準は，関連する標準と整合性を保ち矛盾が起こらないように注意する必要がある．また，国際規格や国家規格，団体規格さらには安全・環境・衛生・公害・消防などの法規とも整合性をとらなければならない．

2. 社内標準の体系

　企業活動や品質管理活動を進めていくうえで，社内標準の各標準の位置づけを明確にする必要があり，それらを組織的に管理するためには，社内標準を体系化する必要がある（表6.1）．社内標準の体系は，一般に以下のとおりである．

　① 規定

　企業内の組織やそこで行われる種々の業務の内容・手順・手続き・方法などに関する事項について定めたもの．

　② 規格

　製品あるいは半製品，部品，材料などといったものに関する技術的事項を定めたもの．

　③ 標準

　製造現場の作業，事務作業などの作業方法，管理方法，注意事項などの基準を定めたもの（作業標準）や，設計・開発業務などに必要な技術的事項を定めたもの（技術標準）．

　④ 手順書，マニュアル

　各業務における作業標準や技術標準をさらに詳細に展開し，担当者が行う手順やマニュアルに落とし込んだもの．

　⑤ 仕様書

　材料，製品，工具，設備などについて，要求する特定の形状・構造・寸法・成

表6.1　社内標準の例

機能	社内標準の例
市場調査	市場調査規定
研究・開発	研究・開発管理規定，発明届管理規定
商品企画	製品規格，梱包規格
設計	設計標準，図面作成手順
生産準備	生産計画管理規定，生産計画管理標準，生産計画作成手順
購買・外注	購買規格，購買仕様書，外注規格，外注仕様書
製造	作業標準，作業手順，特殊工程管理手順
検査	受入検査規格，製品検査規格
販売	販売管理規定
サービス	サービス管理規定，クレーム処理手順

分・能力・制度・性能・製造方法・試験方法などを定めたもの.

　社内標準類の中でも，業務規定，安全管理規定，品質管理規定などは，共通して
すべての部署で使われるものである．社内標準は，一律的ではなく，企業形態（例
えば，製造業なのかサービス業なのか，製造業であっても製造する製品）によって，
その種類は異なったものになる．

06-03 いろいろな標準

　企業における社内標準以外にも国際・地域・国家・団体のレベルごとにつくられ
た，国際規格，地域規格，国家規格，団体規格などがある.

　最近の企業活動は，国内だけでなくグローバルに展開されているので，社内標準
も国内外の規格と整合・調整をとりながら作成・改訂して行かなければならない.

　① **国際規格**

　国際標準化組織や国際規格化組織によって制定された規格であり，代表的なもの
として，ISO 規格や IEC 規格などがある.

　ISO 規格とは，国際標準化機構(International Organization for Standardiza-
tion : ISO)が制定・発行しており，電気・電子分野以外の全産業分野にわたる標準
である.

　IEC 規格は，国際電気標準会議(International Elecrotechnical Commission :
IEC)が制定・発行しており，電気・電子分野の標準である.

　これ以外に，国際電気通信連合(International Telecommunication Union)
が制定・発行している国際規格である ITU 規格もある.

　② **地域規格**

　地域標準化組織や地域規格化組織によって制定された規格であり，その特定地
域内で適用される．代表的なものとして，欧州地域の EN 規格がある．EN 規格は
CEN(欧州標準化委員会) と CENELEC(欧州電気標準化委員会) が制定・発行し
ている.

　③ **国家規格**

　国家標準化組織や国家規格化組織によって制定された規格であり，代表的なもの
として日本には，JIS(日本産業規格：Japanese Industrial Standards)や JAS(日
本農林規格，Japanese Agricultural Standards)などがある.

JIS は，生産者・使用消費者・学識者の代表が中心となった部会や専門委員会で作成・審議され，産業標準化法に基づいて主務大臣（経済産業省・国土交通省・厚生労働省などの大臣）が制定・改正・廃止を行っている．

JAS においても，JIS 同様に，生産者・使用消費者・学識者の代表が中心となって進められ，農林物資の標準化および品質表示の適正化に関する法律に基づいて農林水産大臣が制定・改正・廃止を行っている．

海外においては，ANSI（米国規格），DIN（ドイツ規格），GB（中国規格）などがある．

④ **団体規格**

学術協会（学会）や工業会，協会など事業団体などで制定された規格であり，代表的なものとして日本には，JEC（電気学会電気規格調査会標準規格），JEM（日本電機工業会規格），WES（日本溶接協会規格）などがある．

海外においては，ASME（米国機械学会規格）や ASTM（米国の ASTM インターナショナル（旧 米国試験材料協会）規格）などがある．

各規格は，図 6.1 のように体系化される．

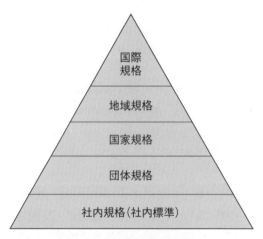

図 6.1　産業標準の体系

例題 6.1

　次の文章において，　　　　　に入るもっとも適正なものを下欄の選択肢から選び答えよ．

① ある工程で品質のばらつきが大きいことがわかり，調査の結果，作業員が各自の方法で作業していることがわかった，対策として，誰でも同じように作業ができるように，適切な作業方法を明確にし，　(1)　することとした．

　　(1)　により，品質の　(2)　や，作業ミスの防止，　(3)　の向上，作業の安定化などが期待できる．

② 標準は，職場の　(4)　が守っていくことが重要である．また，標準は一度作成したら終わりではなく，　(5)　のサイクルを回して，維持管理していくことも重要である．

【選択肢】

ア．不安定　　イ．安定　　ウ．全員　　エ．低下　　オ．能率

カ．標準化　　キ．単純化　　ク．SDCA　　ケ．PDCA

【解答6.1】

(1)　**カ．標準化**　　(2)　**イ．安定**　　(3)　**オ．能率**　　(4)　**ウ．全員**

(5)　**ク．SDCA**

例題 6.2

下記の文章はそれぞれの標準について説明したものである．　　　　　に入るもっとも適正なものを下欄の選択肢から選び答えよ．

① 生産者・使用消費者・学識者の代表が中心となって，国としての標準案を作りそれぞれの主務大臣が制定・改廃する標準を　(1)　という．

② 現在，販売している特定の製品に要求する形状・構造・寸法・能力・性能・試験方法などを定めたものを　(2)　という．

③ 製造工程で使用する特定の材料に関して，その成分・特性・管理方法などを定めたものを　(3)　という．

④ 製品や半製品，部品などの，ものに関する技術的事項を定めたものを　(4)　という．

⑤ 就業規則や業務を遂行するうえで守らなければいけないことを定めたものを　(5)　という．

⑥ 担当者が製品を組み立てるうえで，必要な内容や手順・方法など，製造現場で，だれでも作業できるように手順化したものを （6） という.

⑦ 国際標準化機構や国際電気標準会議が発行している規格を （7） という.

⑧ 製品設計するうえで，ねじの締結基準や材料選定規準など，設計・開発業務に必要な技術的事項を定めた社内標準を （8） という.

【選択肢】
ア．技術標準　　イ．作業標準　　ウ．国際規格　　エ．地域規格
オ．国家規格　　カ．団体規格　　キ．規格　　　　ク．標準
ケ．製品仕様書　コ．材料仕様書　サ．規定　　　　シ．技術標準
ス．作業標準　　セ．作業手順書

【解答6.2】
(1) オ．国家規格　　(2) ケ．製品仕様書　　(3) コ．材料仕様書
(4) キ．規格　　　　(5) サ．規定　　　　　(6) セ．作業手順書
(7) ウ．国際規格　　(8) シ．技術標準

これができれば合格！

- 標準，標準化の説明
- 業務に関する標準，品物に関する標準（規格）の説明
- 国際規格や地域規格，団体規格などのいろいろな標準の説明

第7章

事実に基づく判断

　品質管理では，事実に基づく管理が重要であり，そのためには母集団を代表するサンプルを採取し，得られたデータを正しく統計的に処理することが求められる．

　本章では"データのとり方，まとめ方"について学び，下記のことができるようにしてほしい．

- データの基礎（母集団とサンプル）
- データの種類の説明
- 平均値と範囲

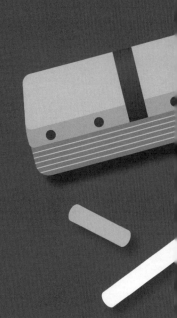

07-01 データの基礎

1. 母集団とサンプル

　品質管理においては「**事実に基づく管理**」が重要となる．経験や勘だけに頼って管理していくのではなく，データによる客観的事実によって管理，判断していくのである．データは，「ある目的のために集められた試料」のことで，「製造工程やロットからサンプルをとって得られたもの」である．データをとるにあたっては，対象をどのように観察し，測定し，記録し，整理するかが大切である．

　データをとると，同じ値が続くことはまれであり，管理しきれないさまざまな要因により「**ばらつき**」が生じる．一見不規則と思われるようなデータの「ばらつき」をうまく処理することによって規則性が発見でき，データのばらつきに惑わされることなく，真の姿を捉えることができる．

　例えば，あるテレビ番組の関西地区での世帯視聴率を知りたいとき，関西地区の全世帯をくまなく調べるのは，お金も労力も時間も莫大にかかる．そこで，全世帯の中から何世帯かを抜き出して調査をして，関西地区全体の視聴率を推測するのである．そのとき，調査した世帯が**サンプル**（標本ともいう）であり，関西地区の全世帯が**母集団**となる．

　また，ラーメンを例にとると，麺の硬さはゆでる時間によって異なるが，原料の配合や水分量などによってばらつきが生じるので，ゆでる鍋から数本をとって試食する．このとき，試食した麺が**サンプル**であり，鍋全体の麺が**母集団**となる．

　サンプルと母集団の関係を図 7.1 に示す．

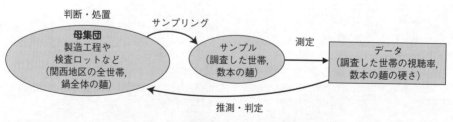

図 7.1　母集団とサンプルの関係

2. サンプリング

　母集団からサンプルを抜き取ることを**サンプリング**という．前述のように関西地区全世帯の視聴率を調査するのはとても大変である．また，手間ひまかけても結果が出るころには古くてムダなデータとなって使いものにならない，などといったことになる．また，ラーメンでは麺全部を調査（試食）してしまうと提供するものがなくなってしまうことになる．そのため，全数調査ができない，または全数調査でなくてもよい場合は，母集団からサンプリングして調査する．このとき，抜き取ったサンプルは，母集団を代表していることが重要である．

07-02　ロット

1. ロットとは

> "**ロット**"とは，「等しい条件下で生産され，または生産されたと思われる品物の集まり」である．

　"ロット"は，部品または原材料などの生産や出荷の単位となる集団をいう．サービスの場合でも，等しい条件下のひとまとまりをロットとする．1つのロットに含まれる個数を"**ロットサイズ**"という．

　工業製品などは，**ロット**から**サンプル**を抜き取り，**サンプル**に対して測定や試験を行い，あらかじめ定められた基準を満足しているかどうかを判定する検査（これを抜取検査という）が行われることが多い．このとき，ロットに対する検査は，**サンプル**に対して測定や試験を行うが，合否の判定は**ロット全体**に対して行う．工業製品でなくても，例えば，学校給食において，食中毒などへの対応の観点から，提供する食品の一部を**サンプル**として残しておく必要がある．調子が悪くなった生徒が居た場合，そのサンプルを検査し，食中毒菌がいないかなど検査する．

07-03 データの種類（計量値，計数値）

品質管理で取り扱うデータには，**数値的**なデータと**非数値的**なデータの２種類がある．

数値的なデータは，数値で示されたものであり，数値データ，あるいは，**量的データ**ともいう．この数値的なデータには，**計量値**（連続的な値）と**計数値**（離散的・不連続な値）の２つがある．

計量値は量を測って得られるデータであり，厚さや重量，質量，温度，水分，強度，時間など，連続的に変化する値である．原理的には連続量であり，測定精度が高ければ多くの桁数をとることができる．一方，**計数値**は個数を数えて得られるデータであり，１個，２個，…といった離散的な値しかとらない．人の数や紙の枚数，不適合品数，キズの数（不適合数，欠点数）などがある．同じ比率（パーセント）でも，不適合品率（不良率）や欠勤率は計数値／計数値なので計数値として取り扱われ，収率や不純物の含有量は計量値／計量値なので計量値として取り扱われる．一方，非数値的なデータは，数値でなく言葉で表されたものであり，質的データあるいは言語データという．例えば，品質の等級を示す１級品・２級品・３級品，作業者の性別，血液型のＡ・Ｂ・Ｏ・ＡＢ型，材料の種類（樹脂品・非樹脂品）などがある．

07-04 データのとり方，まとめ方

データをとってまとめる際に重要なことは，対象となるものを観察・測定した結果を正確に記録し，目的に合致するようにデータを加工し，使用することである．

1. データのとり方

例えば世論調査を考える．昼間の電話による調査では，年配の方や専業主婦が回答したデータが多くなり，逆にインターネットによる調査では若者が回答したデータが多くなる．このように，１つの調査で日本全国の状況を把握しようとしても，データのとり方によって，間違った判断をしてしまう．国民全体を代表するためには，老若男女を偏りなく選ぶことが重要である．ラーメンの麺の硬さを確認するときでも，鍋全体をよくかき混ぜないと硬いところや柔らかいところだけのサンプルとなってしまい，正しいサンプルとはいえない．

サンプルは母集団を正しく代表していなければならない．このようにサンプルを偏りなく，母集団を構成する要素がいずれも等しい確率でサンプルに含まれるように抽出する方法を**ランダムサンプリング**という．ロットの合否判定はロット全体に対して行われるため，ロットを代表するランダムサンプリングが重要となる．

2. データのまとめ方

同じ原料や条件，状態で作業したつもりでもデータはばらつく．そのため，サンプルを測定し，得られたそのデータから母集団を推測・判定しようとするときは中心的な傾向だけでなく，ばらつきの度合いも見ることが大事である．

例えば，Ｈさんのある週の月曜日から金曜日までの体重の推移を考えてみよう．Ｈさんの普段の体重は 67kg 程度であるが，月曜日は仕事がとても忙しく，食べる時間もほとんどなかったので 65.0kg であった．火曜日は久々に同級生と会い，ゆっくりと食事ができたので 67.8kg で，金曜日は週末ということで夜遅くまで飲食したため 68.4kg であった．このように，一人の体重でも毎日の食生活などにより体重が変動していることがわかる．5 日間の測定結果を表 7.1 にまとめた．

表 7.1　Ｈさんの体重データ（kg）

曜日	月	火	水	木	金
体重	65.0	67.8	67.3	66.4	68.4

07-05　平均とばらつきの概念

品質管理では，一般的に統計的手法を利用する．この「統計」とは，集団の傾向・性質を数量的に明らかにすることであり，何かの集まりについて，全体の様子を数値で表していくということである．我々は，ばらつきの世界に住んでいる．製品の品質にもばらつきがある．データはサンプルを取るたびにばらつく．それはある分布をもっているということであり，その母集団が分布を持っているということである．このばらつきが異常原因でない限り，ある程度のばらつきは認めている．このばらつきを定量化するには，統計の視点が必要になる．しかしながら，ばらつきがあるからといって，むやみに飛び離れたデータが出るわけではない．そこには，おのずと "集団としての統計的な法則性" がある．ある「集団」をこの "統計

的な法則性" に従って表すときに用いるのが，**中心的傾向（平均）とばらつき（範囲）**である．

07-06　平均と範囲

　得られたデータから母集団の傾向を調べるとき，中心的傾向を示す尺度として**平均**（または**平均値**）$\bar{x}$（エックスバー）や**メディアン**（または**中央値**）$\tilde{x}$ を用いる．

　また，ばらつきの程度を表す尺度として**範囲** R（アール，Range の頭文字）を用いる．なお，サンプルを測定して得られたデータから計算される $\bar{x}$, $\tilde{x}$, R は統計量という．

1. 中心的傾向を示す尺度：平均値・メディアン

（1）平均値

　平均（平均値）$\bar{x}$ は，複数あるデータの中心となる値．次の式により求められる．例えば，会計するときの割り勘は平均値の考え方である．

$$\bar{x} = \frac{x_1 + x_2 + x_3 + \cdots + x_n}{n} = \frac{\sum\limits_{i=1}^{n} x_i}{n} = \frac{\text{データの合計}}{\text{データ数}}$$

ここで，x_1, x_2, x_3, $\cdots$, x_n は個々のデータであり，n はデータ数（サンプルサイズ）である．また，$\sum\limits_{i=1}^{n} x_i$ は 1 個目から n 個目までのデータ x_i を合計することを意味する．$\sum x_i$ と書くこともあり，$\sum$ は**シグマ**と呼ぶ．

　表 7.1 の体重を例にとると，平均値は，

$$\bar{x} = \frac{65.0 + 67.8 + 67.3 + 66.4 + 68.4}{5} = \frac{334.9}{5} = 66.98$$

つまり，$\bar{x} = 66.98$（kg）となる．

（2）メディアン

　メディアン $\tilde{x}$ は，データを大きさの順に並べた，中央の値である．データの数が奇数個の場合は 1 つに決まるが，偶数個の場合は中央の 2 つの平均値をとる．

　表 7.1 の体重で求めると，まずは小さい順に並べて，

65.0，66.4，67.3，67.8，68.4

となるので，

$$\tilde{x} = 67.3\,(\text{kg})$$

となる．

もし，このデータの数が 65.0，66.4，67.3，67.8 のように偶数個の場合は，中央の 2 つのデータの平均をとり，

$$\tilde{x} = \frac{66.4 + 67.3}{2} = \frac{133.7}{2} = 66.85\,(\text{kg})$$

となる．

メディアンは，計算が簡単であることのほか，極端に離れた値の影響を避けることができる．

2. ばらつきを示す尺度：範囲

（1） 範囲

範囲 R（アール）は，次の式により求められる．データがどこからどこまでばらついているかを示したものであり，得られたデータのうち 2 つしか使わないため，簡単に試算することができる．

　　　範囲 R ＝**最大値**−**最小値**＝$x_{max} - x_{min}$

ただし，x_{max} は全データの中の最大値，x_{min} は全データの中の最小値である．

表 7.1 の体重のデータから範囲 R を求めると，

　　　$R = 68.4 - 65.0 = 3.4\,(\text{kg})$

となる．

以上の結果から，H さんの 5 日間の平均体重は，**66.98**(kg)（メディアンは **67.3**(kg)）であり，範囲 R は **3.4**(kg)となる．

（2） ばらつきを示すその他の尺度

なお，ばらつきを表す尺度として，範囲 R 以外に，**平方和 S**，**不偏分散 V**，**標準偏差 s** などがある．

これらは QC 検定 4 級の「認定する知識と能力のレベル」の範囲外であるが，表 7.1 のデータを用いて簡単に説明しておく．

① 偏差

偏差とは，平均値からの偏り（ズレ）のことであり，平均値とどれだけ差があるかを示したものである．i 番目のデータ x_i の偏差は $x_i - \bar{x}$ で表され，例えば表 7.1 の

金曜日の体重の平均体重からの偏差は，

$$x_{金曜日} - \bar{x} = 68.4 - 66.98 = 1.42 (kg)$$

となる．

② 平方和 S

データのばらつき具合は，個々のデータの平均値からの差，つまりその偏差を見ればよい．しかし，偏差を合計すると常にゼロになってしまうため，これを2乗して合計する．つまり，平方和とは，データと平均値との差の2乗を合計したもので，偏差平方和とも呼ばれる．

平方和は，

$$S = \sum (x_i - \bar{x})^2 = (x_i - \bar{x})^2 + (x_2 - \bar{x})^2 + \cdots + (x_n - \bar{x})^2$$

と求めることができる．

表 7.1 のデータでは，

$$\begin{aligned}
S &= \sum (x_i - \bar{x})^2 \\
&= (65.0 - 66.98)^2 + (67.8 - 66.98)^2 + (67.3 - 66.98)^2 \\
&\quad + (66.4 - 66.98)^2 + (68.4 - 66.98)^2 \\
&= 7.048 (kg)^2
\end{aligned}$$

となる．

③ 不偏分散 V

平方和 S の大きさは，データ数によって変わる．同程度のばらつきであってもデータの数が増すと平方和は大きくなるので，データ数の影響を受けない尺度が必要である．平方和を $(n-1)$ で割ったものを**不偏分散** V という．母集団の分散の推測がよりかたよりなくできるということから，この分散を不偏分散と呼んでいるが，単に**分散**と呼ぶこともある．

$$\textbf{不偏分散} \ V = \frac{\sum (x_i - \bar{x})^2}{n - 1}$$

と求めることができる．

表 7.1 のデータでは，

$$V = \frac{S}{n-1} = \frac{7.048}{5-1} = 1.762 (kg)^2$$

となる．

④　標準偏差 s

不偏分散は，偏差を 2 乗して計算されるため，個々のデータや平均値と単位を揃えるために，不偏分散の平方根をとったものを標準偏差 s といい，

$$s = \sqrt{V} = \sqrt{\frac{S}{n-1}} = \sqrt{\frac{\sum(x_i - \bar{x})^2}{n-1}}$$

と求めることができる.

例えば，平均値が長さ 10cm の部品に対して，不偏分散が 4cm^2 といわれても，単位が異なり比較できない. しかし，平均値 10cm に対して標準偏差が 2cm といわれれば，同じ単位であるため比較が容易となる.

表 7.1 のデータでは，

$$s = \sqrt{V} = \sqrt{1.762} = 1.327 \, (\text{kg})$$

となる.

例題 7.1

> 以下の M さんが行った調査において，母集団，サンプルとして最も適切なものを以下の選択肢からそれぞれ 1 つ選べ.
>
> M さんは果物を栽培している農家である. その中でメロンは，毎年 5 月から 7 月にかけて収穫される. 重要なお客様のスーパーマーケットから，収穫初期のメロンは糖度が低いといわれているので，今回，調査を行うことにした.
>
> 収穫初期に収穫したメロン 200 個から，ランダムに選んだ 2 個のメロンについて糖度計で糖度を測定した.
>
> 【選択肢】
> ア．M さんの栽培する果物　　　　イ．M さんの栽培するメロン
> ウ．M さんの 5 月から 7 月に収穫したメロン
> エ．M さんの収穫初期に収穫したメロン
> オ．M さんの選んだ 2 個のメロン　　カ．M さんの使った糖度計

【解答 7.1】

母集団：**エ．M さんの収穫初期に収穫したメロン**

第
7
章

事実に基づく判断

例題 7.2

　以下の文章で，サンプリング方法として適切なものには○，適切でないものには×をつけよ．

① 大鍋でつくったおみそ汁の味を確認しようとして，1時間以上静置させたのち鍋の上部からお玉ですくい味をみた．

② 女子中高生をターゲットとしたお菓子の新商品を開発している．消費者の好みを調査するため，全国の携帯電話番号からランダムに1000件選び，電話をかけてアンケート調査をした．

③ 野菜畑の収穫量を調査するため，畑全体を20の区画に分け，ランダムに選んだ3つの区画の収穫量を調べた

④ 作業場の作業中のチリ・汚れの発生状況を調査するため，終業時間の17時に，毎日測定することにした．

⑤ 10kg袋入りの米を購入した．変色したものがないか確認しようとしたが，1粒1粒確認しているとキリがないので，袋の上部，中部，下部から100gずつ抜き取って検査した．

【解答 7.2】

① ×：1時間以上静置すれば，おみその成分が鍋の下部に沈殿している可能性があり，上部からすくっては鍋全体の味を代表していない．鍋の上下をよくかき混ぜてからお玉ですくうとよい．

② ×：女子中高生を調査の対象としているにもかかわらず，全国の携帯電話番号による調査では，年齢や性別など調査対象ではない人たちが，サンプルに入ってしまうことになる．

③ ○

④ ×：作業中のチリ・汚れの発生状況を調査したいので，終業時だけの調査では不十分である．

⑤ ○

例題 7.3

次のデータは計数値か計量値か答えよ.

① ある会社の QC 検定受検者数(単位：人).

② ある試験場における QC 検定試験の欠席率(受検の申込みをしたが, 欠席して受検しなかった人の割合)(単位：%).

③ ある野球部員の身長(単位：cm).

④ 東京のある日の最高気温(単位：℃).

⑤ ある組織の全従業員のうち 1 年で体重が 5kg 以上増えた人の割合(単位：%).

⑥ 最寄りのバス停から駅まで, バスに乗っている時間(単位：分).

⑦ 1 日の作業中, トラブルにより作業ができなかった時間の割合(単位：%).

⑧ 全生産個数のうち, 不適合により出荷できなかった不適品個数の割合(単位：%).

【解答 7.3】

① **計数値：1 人, 2 人と受検者数を数え, 離散した値なので計数値**

② **計数値：欠席人数 / 受検申込人数で, 離散した値になるので計数値**

③ **計量値：身長は連続した値なので計量値**

④ **計量値：最高気温は連続した値なので計量値**

⑤ **計数値：体重が 5kg 以上増えた人数 / 全従業員数で, 離散した値になるので計数値**

⑥ **計量値：乗車時間は, 連続した値なので計量値**

⑦ **計量値：作業ができなかった時間 / 全作業時間で, 連続した値になるので計量値**

⑧ **計数値：不適合個数 / 全生産個数で, 離散した値になるので計数値**

例題 7.4

　以下の文章において ⬚ に入るもっとも適切な語句を下欄の選択肢から１つ選び，その記号をマークせよ．ただし，各選択肢を複数回用いることはない．

　大阪のある事業所で最近，在宅勤務が増えて外出が減ったため，体重が増えた社員が多いのではないかという議論になった．周りに体重が増えたと言っている社員が多いと思う，といった (1) に頼った判断ではなく，測定し，データを正しく把握し (2) に基づく判断をすることが重要である．そのため，事業所員全員の中から９人を (3) に選び，体重を測定し，１年前の体重と比較してもらった．選ばれた社員は (4) であり，選ぶ行為は (5) で，全社員は (6) となる．また，すべての社員の中から (3) に選ぶことを (7) という．さらに，この得られたデータをもとに解析を行うときや，解析したデータをわかりやすく示すときに使用される手法として (8) がある．

【選択肢】
　ア．QC 七つ道具　　イ．事実　　ウ．勘や経験
　エ．ランダムサンプリング　　オ．ランダム(無作為)
　カ．サンプリング　　キ．サンプル　　ク．母集団

【解答 7.4】

(1) **ウ．勘や経験**　　(2) **イ．事実**　　(3) **オ．ランダム(無作為)**

(4) **キ．サンプル**　　(5) **カ．サンプリング**　　(6) **ク．母集団**

(7) **エ．ランダムサンプリング**　　　　(8) **ア．QC 七つ道具**

例題 7.5

　【例題 7.4】で測定した９人のデータを表 7.2 に示す．それぞれの質問に答えよ．

表7.2　ある会社の従業員の体重増減

社員名	A	B	C	D	E	F	G	H	I
体重増減量	+1.3	+0.2	−1.4	+3.5	±0.0	+14.1	+5.7	+4.1	−2.2

① 平均値を求めよ.

② メディアンを求めよ.

③ 最大値，最小値，範囲を求めよ.

【解答 7.5】

① $\bar{x} = \dfrac{1.3 + 0.2 - 1.4 + 3.5 + 0.0 + 14.1 + 5.7 + 4.1 - 2.2}{9} = \dfrac{25.3}{9}$

$= 2.81 \,(\text{kg})$

② 大きさの順に並べると，

$-2.2,\ -1.4,\ \pm 0.0,\ +0.2,\ +1.3,\ +3.5,\ +4.1,\ +5.7,\ +14.1$

となり，中央の値は$+1.3\,(\text{kg})$であるから，メディアンは，$+1.3\,(\text{kg})$となる.

③ 最大値は，F さんの$+14.1\,(\text{kg})$，最小値は I さんの$-2.2\,(\text{kg})$

範囲は $R = x_{max} - x_{min} = 14.1 - (-2.2) = 16.3\,(\text{kg})$

となる.

例題 7.6

第一小学校の生徒 10 人をランダムに抜き出し，体力測定結果を表 7.3 に示す．それぞれの質問に答えよ.

表 7.3　体力測定結果（5 段階評価）

名前 ＼ 種目	短距離走力	長距離走力	垂直跳び	ボール投げ	反復横跳び	合計
1 組：田中	4	3	4	4	3	(1)
1 組：佐藤	2	4	3	3	4	16
1 組：加藤	3	3	2	3	2	13
2 組：鈴木	4	2	3	3	1	13
2 組：高橋	2	2	3	2	1	10
2 組：中村	5	5	5	3	4	22
3 組：山田	3	2	4	1	4	14
3 組：伊藤	3	4	3	3	3	16
3 組：山本	4	3	4	2	4	17
3 組：渡辺	2	3	2	2	3	12
合計	32	31	(2)	26	29	(3)

① 表 7.3 の □(1)□ ～ □(3)□ を埋めよ.

② 加藤さんの平均とメディアンを求めよ.

③ 2 組の平均と最大値，最小値，範囲を求めよ.

④ 3 組の山田さんの長距離走力が何点になれば，3 組の平均と 2 組の平均とが同じになるか求めよ.

【解答 7.6】

① □(1)□ 田中さんの合計：$4 + 3 + 4 + 4 + 3 = 18$

□(2)□ 垂直跳びの合計：$4 + 3 + 2 + 3 + 3 + 5 + 4 + 3 + 4 + 2 = 33$

□(3)□ 総合計：$32 + 31 + 33 + 26 + 29 = 151$

② 加藤さんの平均：$13/5 = 2.6$

メディアン：小さい順から並べて，**2，2，3，3，3**，よって，**3** となる.

③ 2 組の平均：$(13 + 10 + 22)/15 = 45/15 = 3.00$

最大値：**5**，最小値：**1**，範囲：$5 - 1 = 4$

④ 3 組の平均が 2 組の平均 **3.00** になるためには，3 組の合計が，2 組の合計である $3.00 \times 20 = 60$ と等しくなればよい．3 組の合計は 59 なので，あと **1** 点あれば同じになる．そこで，現在の山田さんの長距離走力に **1** を加えて，$2 + 1 = 3$ となればよい.

表 7.3 のデータをまとめた結果が，表 7.4 である.

表 7.4 層別した体力測定結果（5 段階評価）

名前 \ 種目	短距離走力	長距離走力	垂直跳び	ボール投げ	反復横跳び	合計		平均点	
1組：田中	4	3	4	4	3	18		3.6	
1組：佐藤	2	4	3	3	4	16	47	3.2	3.13
1組：加藤	3	3	2	3	2	13		2.6	
2組：鈴木	4	2	3	3	1	13		2.6	
2組：高橋	2	2	3	2	1	10	45	2.0	3.00
2組：中村	5	5	5	3	4	22		4.4	
3組：山田	3	2	4	1	4	14		2.8	
3組：伊藤	3	4	3	3	3	16	59	3.2	2.95
3組：山本	4	3	4	2	4	17		3.4	
3組：渡辺	2	3	2	2	3	12		2.4	
合計	32	31	33	26	29	151		3.02	

07
–
06

平均と範囲

これができれば合格！

- データの基礎（母集団とサンプル）
- データの種類の説明
- 平均値と範囲

第8章

データの活用と見方

QC 七つ道具とは，品質管理に関する問題解決を進めるうえで，データをまとめたり解析するための重要な手法である．

本章では，QC 七つ道具について学び，下記のことを理解しておいてほしい．

- QC 七つ道具の各手法の名称と内容の理解
- 各手法の特徴，作り方，見方の理解
- 問題解決を進めるときの QC 七つ道具の活用場面の理解

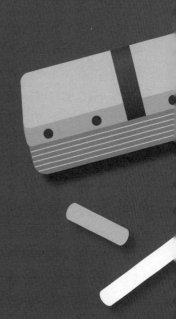

QC 七つ道具

1. QC 七つ道具とは

　品質管理において，収集したデータから情報を引き出し，その情報を考察して適切なアクションをとることは重要である．そのためデータから導き出す情報は，正確なものであり，しかも効率的な方法でなければならない．

> 　"**QC 七つ道具**" とは，「**データのまとめ方に関するツール**」であり，データを加工して図示し，**情報を見える化する**ことができる．品質管理における**問題解決**で頻繁に用いられる．

　収集したデータだけを見て情報を引き出すのは時間がかかるし容易ではない．例えば，文字で書かれた文章は，文章を読まないと内容を理解できないが，図や絵があれば内容を理解しやすい．QC 七つ道具は，データを図で表し，簡単に情報を導き出すことができる．

（1）　QC 七つ道具の特徴

① やさしい手法で誰にでもすぐに使える．

② 主に**数値データ**を解析する．

③ **問題解決**のいろいろな場面で使用する．

④ 手法は図で示され，**一目で結果が理解**できる．

　以上の特徴を活かして，QC 七つ道具を使うことによって，効果的に問題解決ができる．

（2）　QC 七つ道具の各手法

　QC 七つ道具の各手法を次に挙げる．

> ① パレート図：**重点指向すべき問題を絞り込む**．
> ② 特性要因図：**特性と要因の関係**を整理する．
> ③ チェックシート：データを**簡単に収集・記録**したり，**点検・確認**をする．
> ④ ヒストグラム：データの**中心やばらつき**を把握する．
> ⑤ 散布図：対になった**2つのデータ間**の関係を把握する．
> ⑥ グラフ：データの**大小**や**時間的推移**を把握する．

⑦　管理図：時間の経過による工程の変動を把握し，**工程**が**管理状態**にある
　　かどうかを調べる．
⑧　層別：データの**共通点や特徴**に着目していくつかの**グループ**に分ける．

「QC 七つ道具」は，一般的に上記のうちの①〜⑦をいう．⑧層別は，手法とい
うより，考え方なので７つの中に含んでいない．しかし，層別は重要な考え方なの
で，グラフと管理図をまとめて，⑥グラフ・管理図，⑦層別として，この７つを
「QC 七つ道具」と呼ぶ場合もある．

2. パレート図

日常生活の中で多くの人数で物事を決めるときに多数決をとることがある．これ
は多くの人の意見を採用して物事を決める一つの方法であるが，問題解決でも数量
の多いものに重点を絞って取り組む必要がある．

> **"パレート図"** とは，「ある特性値（発生件数や損失金額など）を分類項目に
> 分けて，データ数の大きい順に並べ，**グラフ化**したものであり，**どの項目に**
> **重点を置くべきか**を，一目でわかるようにする手法」である．

例えば，小学生の将来なりたい職業は，多くの小学生が人気のある職業を選び，
残りの少人数は特定の職業にかたよらず，ばらつくことが多い．この例だけに限ら
ず，全体に影響を与えるものはごく少数の項目に絞られ，残りの項目は，項目数は
多いものの，影響は小さくなることが多い．このことを**パレートの法則**という．

パレートの法則を活かしたパレート図は，複数の問題が存在するときにどの問題
に優先的に取り組むかを決めるときによく用いる．つまりデータに基づいて何が重
要であるか，視覚的にわかるようにする手法である．図 8.1，図 8.2 にパレート
図の例を示す．

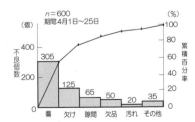

**図 8.1　Ａ工程における発生した
不良内容のパレート図**

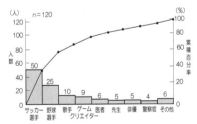

**図 8.2　小学生男子の将来なりたい
職業のパレート図**

第3章で重点指向について学んだが，パレート図がその手法の一つである．問題解決を進めるときに，**重点指向**でどの問題に取り組むか，改善ターゲットを決めるためにパレート図を用いる．

（1）　パレート図の作り方

① 不良件数や損失金額，欠点数などを原因別や現象別，工程別，品種別などにデータをとり，データを**大きい順**に並べて，その大きさを**棒の高さ**で表す．このとき，データ数が少なく，影響の小さい項目はまとめて「**その他**」として，項目の**一番最後**に書く．

② データの多い項目から順番に合計した累積数を**折れ線**で示す．そうすることによって，重点的に取り組む項目の全体に占める割合がわかる．

（2）　パレート図の特徴

① **重要な項目**や問題の大きさの順番がわかる．

② ある項目が全体のどの程度を占めているかわかる．

③ どの項目を減らせば，どの程度の効果があるかを予測できる．

④ 対策前後で比較すると，対策の効果や項目の内容がどのように変わったかがわかる．

（3）　パレート図の活用ポイント

① どの項目をどれだけ減らすと，どの程度の効果が得られるかを調べる．

② いろいろな角度から不具合を眺め，分類方法を変えてみる．

③ その他の項目のデータ数が多すぎる場合は，特性値の分類方法を検討する．

④ 改善前後のパレート図を比較する場合は，縦軸の目盛りを合わせておくと改善効果がわかりやすい．例を図8.3に示す．

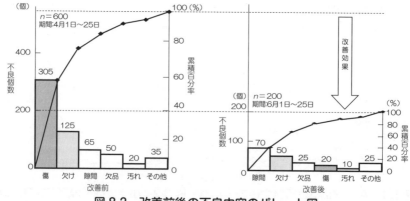

図8.3　改善前後の不良内容のパレート図

3. 特性要因図

　私たちの生活の中ではさまざまな問題がある．問題を解決するためには，原因に対して対策を打たなければならない．しかし，問題に影響を与える要因はたくさんあり，その中から強い影響を及ぼす原因を見つける必要がある．

> "**特性要因図**" とは，「**結果(特性)** と **原因(要因)** の関係を系統的に表した図で，特性に要因がどのように関係しているかを整理する手法」である．図の形から "**魚の骨**" といわれることもある．

　例えば，貯蓄するためには何をすればよいか(特性)を考えると，仕事を一生懸命に頑張ったり，給料の高い仕事についたり，ムダ使いをせず節約するなど，たくさんの要因がある．特性要因図は特性とそれらの要因との関係を整理し図にする手法である．

　問題解決では，**原因を究明**するときに問題の因果関係を整理し，**どのような要因があるか抽出する**ときに特性要因図を用いる．図 8.4 に特性要因図の例を示す．

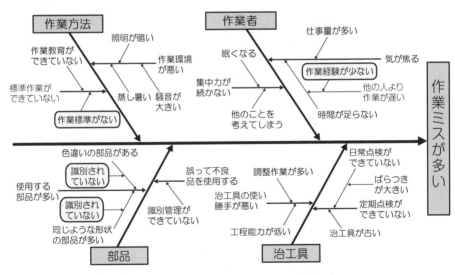

図 8.4　「作業ミスが多い」についての特性要因図

（1）　特性要因図の作り方

①　問題とする特性を決めて，特性と背骨を書く．次に大骨，中骨，小骨，孫骨を記入する．そのとき，大骨，中骨，小骨，孫骨の**要因が系統立ってつながっているように**整理し，なるべく具体的に要因を表現する．

②　要因に抜けや漏れがないか確認し，**重要と思われる要因に印（丸で囲む，色を付ける**など）をつける．

（2）　特性要因図の作成時の注意点

①　たくさんの知識と知恵を集めるため，1人で作成しないで多くの**関係者で作成する**ことが重要である．**ブレーンストーミング**などを使うと有効である．

②　**特性は結果の悪さ**を表す表現にする．例えば，「○○不良」など単に特性名にしないで，「○○不良が多い」にする．

③　**要因はできるだけ具体的に**表し，それらの関連性を明らかにし，各要因は系統立てて整理する．要因を**4M**で分けると抽出しやすい．**4M**とは，「人(Man)」，「機械・設備(Machine)」，「材料(Material)」，「方法(Method)」である．

④　要因はできるだけ多く挙げるようにし，水準は書かない．例えば，「身長」であれば，「160cm」，「180cm」とはしないで，「身長差がある」とする．

（3）　特性要因図の活用ポイント

①　特性要因図は工程の解析や改善，工程管理を行うときに活用する．

②　特性に影響を及ぼす重要な要因に対して対策を打つ．

4.　チェックシート

日ごろ，ものの個数を数えるときや工場で検査データを収集するときは，数え間違いや検査もれなどのミスがあってはならない．そのために，間違いなく正確にデータをとるためにデータの収集方法を工夫する必要がある．

> **"チェックシート"**とは，「確認項目をあらかじめ決めておいて，データを**簡単に収集**し，**データを整理**しやすく，**全体の姿**がわかりやすいように**記録**する図や表」である．

例えば，自動車工場で工程検査をするとき，検査記録用紙に自動車の姿図を書いておいて，どの部分に傷や汚れがあるか簡単に結果を記録するときに使う手法で，この**検査記録用紙**を**チェックシート**という．チェックシートは使用目的によって，次の2つに分類できる．

① 記録・調査用チェックシート

記録・調査用チェックシートの目的は，調査目的を達成するためにデータを収集することで，主に不良内容や欠点位置，度数分布などのデータを扱う．

図 8.5 に記録・調査用チェックシートの例を示す．

不良項目調査用チェックシート				
20XX 年1月18日	確認者	山下	検査員	青木
部品名	フレームA	品番	ZA0123	
不良項目	チェック数	不良数	手直し数	廃棄数
傷	卌//	7	7	
汚れ	//	2	2	
変形				
フクレ	/	1		1
その他				
合計				
備考				

例 1　不良項目調査用チェックシート

欠点位置調査用チェックシート					
20XX 年11月8日	確認者	鈴木	検査員	山田	
商品名	携帯電話XY	品番	XY4567		

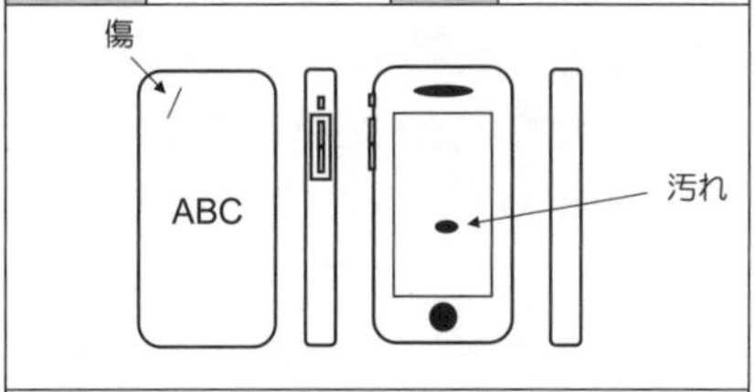

備考

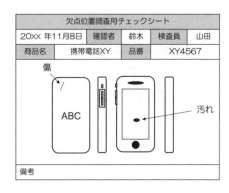

例 2　欠点位置調査用チェックシート

図 8.5　記録・調査用チェックシート

② 点検・確認用チェックシート

点検・確認用チェックシートの目的は，事前に定められた点検項目を満たしているかを確認することであり，主に機械設備点検や日常保守，安全作業，整理整頓などに用いられる．

図 8.6 に点検・確認用チェックシートの例を示す．

戸締り点検チェックシート		
20××年6月19日	点検者	西村
チェック項目	確認	備考
1.忘れ物はないか	✓	
2.ゴミ箱は空になっているか（ゴミ捨て場に捨てたか）	✓	
3.窓は施錠しているか	✓	
4.消灯しているか	✓	
5.部屋の施錠はしているか	✓	
6.……		
7.……		
8.……		

例 1　戸締り点検チェックシート

工程検査チェックシート					
20××年7月7日	確認者	山下	検査員	青木	
製品名	シェーバーZ	品番	ZZ6789		
No.	検査項目	結果	合否	対応	
1	外観（色，傷）	OK	○		
2	消費電力	9W	○		
3	絶縁耐圧	OK	○		
4	銘板は正しいか	OK	○		
5	附属品の欠品はないか	4つ	×		
・					
・					
・					

例 2　工程検査チェックシート

図 8.6　点検・確認用チェックシート

問題解決では，**現状を把握**するときや**改善後の効果確認**のときの**データ収集**に用いる．

（1） チェックシートの特徴

① データを記録するのに時間がかからないため，**現場で効率的に**データをとることができる．

② データがどの項目に集まっているか，また全体の姿がわかるので，アクションが早くとれる．

③ データを収集しやすくなるので，多くの項目を同時にデータ収集したり，確認したりすることができる．

（2） チェックシート作成時の注意点

① データをとる目的を満たすチェックシートになっているか．

② データを整理しやすい形で集められるようになっているか．

③ データを記入する枠以外に，測定日や測定者，測定方法，測定環境などを記入する枠も書いたチェックシートになっているか．

5. ヒストグラム

私たちの身の回りにはたくさんの数値データが存在する．しかし数値を見ているだけでは，データの中心位置やばらつき具合（分布）などの詳しい情報が得られないため，アクションがとりにくい．数値データから情報を得るためには，数値データを加工して図で表し，わかりやすくする必要がある．

> **"ヒストグラム"** とは，「データをその大きさに基づいて級（クラス）に分け，**各級に入るデータ数（度数）を柱状図に並べたもの**で，データの分布や規格に対する状況がわかる図」である．

例えば，ある団体に属する人々の身長や年収などについてどんな分布であるかを知るためには，これらのデータでヒストグラムを作成する．そうすることで，分布状態が一目でわかる．

問題解決では，**原因追究**のときに**分布の形**や**平均**，**ばらつき**などを見るためにヒストグラムを用いる．図 8.7 にヒストグラムの例を示す．

（1） ヒストグラムの作り方

① 長さ，重さ，時間，硬さなど計量値データについて，データの存在する範囲をいくつかの区間に分け，各区間に入るデータの度数を数えて**度数表**を作成す

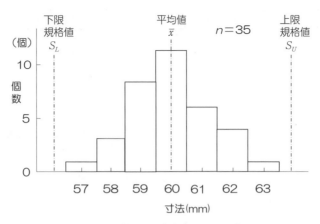

図 8.7　X 部品の寸法のヒストグラム

る.

②　区間ごとに度数の高さの**柱状図**を並べると，全体の分布状況がわかる.

③　**平均値**や**規格値**がある場合，その線を記入すると規格とのあてはまり具合が
わかる.

(2)　ヒストグラムの見方

①　図 8.7 は横軸に計量値の特性をとり，縦軸に個数をとって図にしたもので
あり，次のような観点で中心的傾向やばらつきの程度を見ることができる.

　　・分布の形はどうか.

　　・分布の中心位置はどうか.

　　・データのばらつきはどうか.

②　製品の品質の状態が規格に対して満足しているのかを判断する.

(3)　ヒストグラムの分布について

図 8.8 にヒストグラムのいろいろな形を示す.

6.　散布図

　私たちの生活の中にはたくさんの数値データがあり，それらのデータには因果関
係があるものもある．期待したい結果を導くためには，因果関係を見つけて，原因
をコントロールする必要がある.

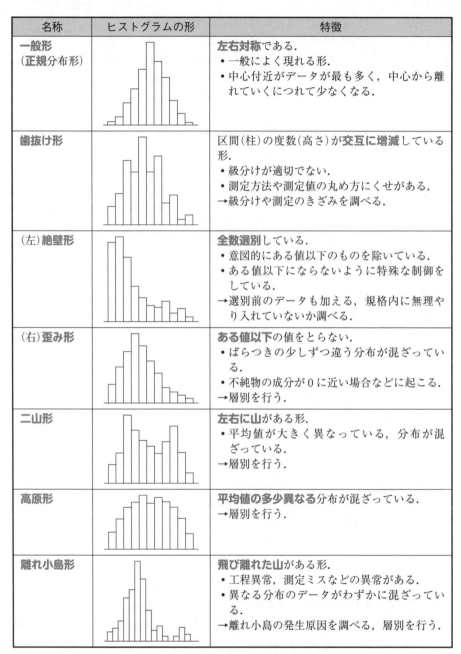

名称	ヒストグラムの形	特徴
一般形 （正規分布形）		**左右対称**である. ・一般によく現れる形. ・中心付近がデータが最も多く，中心から離れていくにつれて少なくなる.
歯抜け形		区間（柱）の度数（高さ）が**交互に増減**している形. ・級分けが適切でない. ・測定方法や測定値の丸め方にくせがある. →級分けや測定のきざみを調べる.
（左）絶壁形		**全数選別**している. ・意図的にある値以下のものを除いている. ・ある値以下にならないように特殊な制御をしている. →選別前のデータも加える，規格内に無理やり入れていないか調べる.
（右）歪み形		**ある値以下**の値をとらない. ・ばらつきの少しずつ違う分布が混ざっている. ・不純物の成分が0に近い場合などに起こる. →層別を行う.
二山形		**左右に山**がある形. ・平均値が大きく異なっている，分布が混ざっている. →層別を行う.
高原形		**平均値の多少異なる**分布が混ざっている. →層別を行う.
離れ小島形		**飛び離れた山**がある形. ・工程異常，測定ミスなどの異常がある. ・異なる分布のデータがわずかに混ざっている. →離れ小島の発生原因を調べる，層別を行う.

図 8.8　ヒストグラムのいろいろな形

"散布図" とは，「対応のある２種類のデータの相互の関係（相関関係）を見る図」である．

　例えば，料理をするときに調味料をどれだけの量を入れると味がどの程度変わるかなど，２種類のデータ間の相関関係を調べる手法である．

　問題解決において，原因（要因：x）と結果（特性：y）の対になった２組のデータ間の**相関関係の有無やその度合い**を見るときに散布図を用いる．図 8.9 に散布図の例を示す．

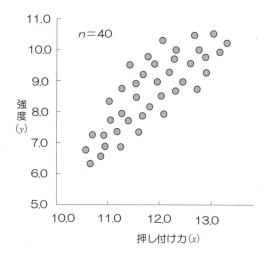

図 8.9　押し付け力（x）と強度（y）の散布図

　x と y の間に何らかの関係があることを "**相関がある**" という，散布図はその相関関係を調べる手法である．

　相関においては，x が大きくなると y も大きくなるという関係を "**正の相関がある**" という．逆に x が大きくなると y が小さくなるという関係を "**負の相関がある**" という．図 8.9 の散布図は，押し付け力（x）が増加すれば強度（y）も増加するという関係にあるので，押し付け力と強度には正の相関があるという．

（1）　散布図の作り方

①　特性と要因，結果と原因などの２種類の対になったデータを収集し，縦軸（y 軸）と横軸（x 軸）にプロットする．

②　散布図の点の散らばり方から，２種類のデータに相関があるかどうかを把握

する．また，集団から飛び離れているような異常な点（異常値）はないかも把握する．

(2) 散布図の見方

データの散らばり方の代表的なものを図8.10 に示す．散布図のいろいろな形から相関の有無や関係の強さや弱さを判断する．

関係	散布図の形	特徴
強い正の相関がある		・x が大きくなれば y も大きくなる． ・x の値がわかれば y の値を推定できる．
弱い正の相関がある		・y の値が x 以外の影響を受けていることも考えられ，他の要因との関係を調べる必要がある．
強い負の相関がある		・x が大きくなれば y は小さくなる． ・x の値がわかれば y の値を推定できる．
弱い負の相関がある	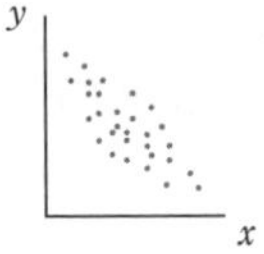	・y の値が x 以外の影響を受けていることも考えられ，他の要因との関係を調べる必要がある．
相関がない	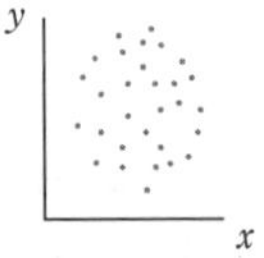	・x 以外で y との相関のある要因を調べる必要がある．
直線でない関係	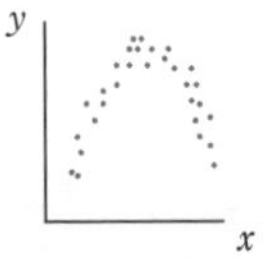 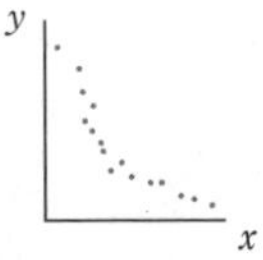	・x と y との関係が直線的でないが，両者の間に2次関係などが見られる．

図8.10　散布図のいろいろな形

（3）　散布図を見るときの注意点

①　異常な点はないか（図 8.11）

データをとると，集団から**離れた点**が現れる場合がある．そのときは，**離れたデータを除いて解析する**．ただし，なぜ離れたデータになったか，原因を調べることで有益な情報が得られることが多いので，ただ単に離れたデータを除くのではなく，原因追究をすることが大切である．

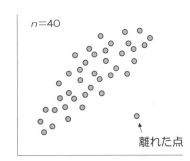

図 8.11　離れた点のある散布図

②　２つのデータ間の関係はどうか

相関がありそうか，直線関係か曲線関係かを見る．

③　データを層別する必要がないか（図 8.12）

全体を見ると相関がなさそうだが，例えば工程別や設備別にデータを層別すると相関がある場合もある．またその逆に全体を見ると相関がありそうだが，工程別や設備別などに層別すると，相関がない場合もある．

④　**偽相関**ではないか

２つの対応するデータ間に相関はあるが，因果関係は存在せず，片方のデータが大きくなっても，もう一方のデータに影響しない場合がある．例えば，電力使用量と水難事故件数について散布図を作成すると，相関があるように見えるが，これは気温という隠れた要因があり，気温が高いとクーラーや扇風機を使用するので，電力の使用量が増える．また気温が高いと海や川，プールに行く人が増えるので水難事故件数が増える．したがって，両者とも気温の影響を受けている．この場合，仮に電力使用量を節約し低減させても，水難事故件数は変化しない．

⑤　技術的な関係はどうか

散布図では，相関の有無はわかるが，その理由を知ることはできない．データの

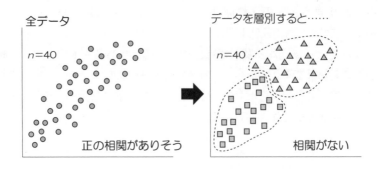

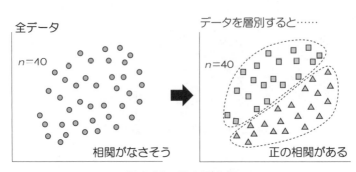

図8.12　散布図の例

関係を技術的に検討し，その関係が成り立っているか確認する必要がある．

7. グラフ

　日ごろ，テレビや雑誌，インターネットなどで，データを図にしたものをよく目にする．これはデータを表にしてそのまま見せても理解されにくいため，図示している．つまり図示は，容易に，早く理解してもらうことができる．

> **"グラフ"** とは，「データの**大小**や**時間的な変化**が視覚的に一目でわかるように図にしたもの」である．QC七つ道具の中で最もよく使われる手法である．

　例えば，ダイエットを行っている人は体重の傾向，ゴルフをする人ならスコアをグラフで図示すると，ダイエットがうまくいっているか，ゴルフが上達しているかが視覚的にわかる．
　問題解決では，**現状把握**や**原因追究**，**対策効果の確認**のときなど，いろいろな場

面でグラフを用いる.

（1） グラフの利点

① 一目でデータ全体の姿がつかめる.

② データの比較ができる.

③ 簡単に作成できる.

（2） グラフの種類と用途

代表的なグラフを次に挙げる.

- 数量の大きさを表す：棒グラフ
- 時間的な変化を表す：折れ線グラフ
- 全体の内訳を表す：円グラフ，帯グラフ
- 分類項目の大きさや分類項目間のバランスを表す：レーダーチャート

① 折れ線グラフ

内容：**折れ線グラフ**は，特性値を縦軸にとり，横軸にはデータを収集した月日や時間などで打点し，折れ線で結んだものである.

用途：主にデータの**時間的推移**を把握するために用いられる. 折れ線グラフでは，層別要因によって線の種類や点を変えて書けば，それらの時間的推移の違いを見ることができる.

図 8.13 に折れ線グラフの例を示す.

② 棒グラフ

内容：**棒グラフ**は縦軸に特性値をとり，横軸に分類項目をとって柱状に表現したものである.

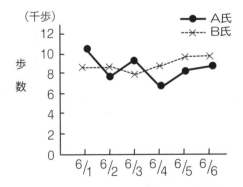

図 8.13　日々の歩数の推移の折れ線グラフ

用途：主に数量の大小関係を表す.

図 8.14 に棒グラフの例を示す.

③　円グラフ

内容：全体を円で表し，各構成要素の**比率を円弧に分割**して示したものである.

用途：各構成要素の割合は扇型の大きさで表現されるのでわかりやすい. また，
　　　円の大きさを変えることによって構成比率の違いと数量の大きさの違いを
　　　同時に表すことができる.

図 8.15 に円グラフの例を示す.

④　帯グラフ

内容：全体を長方形で表し，各構成要素の**比率**をさらに**小さい長方形に分割**する
　　　ことによって示したものである.

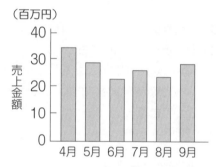

図 8.14　C 社の月別売上金額の推移の棒グラフ

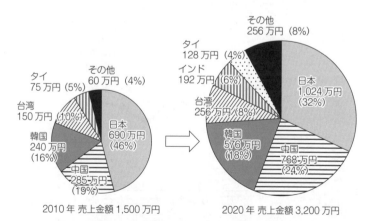

2010 年 売上金額 1,500 万円　　　　　2020 年 売上金額 3,200 万円

図 8.15　D 社の国別売上金額の変化の円グラフ

用途：全体の長方形の大きさを変えることによって**構成比率と数量の違い**を同時に比較することができる．したがって，円グラフと用途はよく似ているが，帯グラフでは同じ構成要素を線で結ぶことにより，その構成要素の比率や数量の比較がしやすい．

図8.16に帯グラフの例を示す．

⑤　レーダーチャート

内容：いくつかの項目間のバランスを見るグラフで，多角形の頂点の方向に目盛りを付け，項目ごとのデータを打点して線で結ぶ．

用途：全項目に対する**バランス度合い**を見たいときに用いる．レーダーチャートが複数あるときは，多角形の大きさを比較することによって，総合的な評点の比較も行える．

図8.17にレーダーチャートの例を示す．

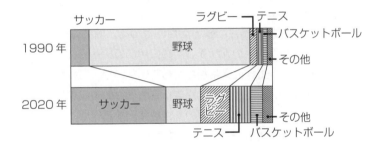

図8.16　中高生の好きな球技の変化の帯グラフ

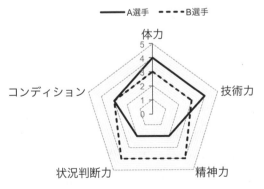

図8.17　スポーツ選手の要素のレーダーチャート

(3) グラフの注意点

グラフにはさまざまな種類があるので，データを整理してグラフで表すと，データ表だけではわからない情報が読み取りやすくなる．したがって，何を伝えたいか，何に注目させたいか，という目的を考えて，**目的に合ったグラフを選択する**ことが大切である．

8. 管理図

折れ線グラフは，データをプロットして時間的な動きを表したものであるが，その動きが統計的に意味のあるものか判断する必要がある．

> "**管理図**"とは，「縦軸に統計量の値（平均値や範囲，不良率，欠点数など），横軸に連続した観測値（通常は時間順，サンプル番号順）をとり，工程が管理された状態（**統計的管理状態**）にあるかどうかを調べるため（工程解析），あるいは工程を管理された状態に維持するため（工程管理）に用いる道具」である．

管理図は，**工程（プロセス）異常の検出**を目的として，時間の経過とともに**工程（プロセス）の変動**や**傾向**の状態を判断するために用いる．

工程を管理するときに，工程に異常が発生していないか，工程が安定しているかを把握しなければならない．工程に異常がなくても個々の製品の品質はばらつくので，データも変動する．そのため，工程の異常を検出するには，データのばらつきが**偶然原因**だけによるものか，それとも**異常原因**によるものか区別する必要がある．これに役立つのが管理図である．

管理図には，統計的に判断するために，データから計算して得られる**中心線**（CL：Central Line）と**上側（上方）管理限界線**（UCL：Upper Control Limit），**下側（下方）管理限界線**（LCL：Lower Control Limit）の3本の管理線を引く．

管理図にはいろいろな種類があるが，代表的なものに特性値の**平均**と**範囲**の状態を示す$\overline{X}-R$**（エックスバーアール）管理図**がある．図8.18に$\overline{X}-R$管理図の例を示す．

(1) $\overline{X}-R$管理図の作り方

① 群をつくり，データを収集し，群ごとに平均$\overline{X}$と範囲Rを求め，それぞれ時系列に折れ線グラフをつくる．群の大きさは2～5がよい．

② $\overline{X}$管理図とR管理図それぞれについて，CLとLCL，UCLを求めグラフに記入する．

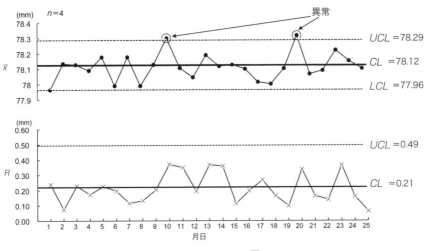

図8.18　Z部品の寸法の$\bar{X}-R$管理図

③　異常な並びがないか把握する.

(2)　管理図の見方

次の観点で管理図を見て，管理状態か否か判定する．このとき，次の2条件のどちらかに当てはまる場合に，その工程は"管理状態にない"と判定する.

① 管理図の点が**管理限界外**（*LCL* と *UCL* の外側）にある.

② 点が管理限界内にあっても，点の**並び方**，**散らばり方にクセ**がある.

- 点が CL に対して**同じ側に連続**して現れている.
- 点が**連続して増加**または**減少**している.
- 点が**周期的**に変動したり，**規則的**に変動している.

9.　層別

パレート図やヒストグラム，散布図，管理図などを作成するときに，データをグループごとに分けて比較すると，グループ間の違いがわかる．このように，グループに分けて比較することは，原因を調べるうえで重要である.

　"**層別**"とは，「データを，そのデータのもつ**共通点**や**特徴**でいくつかの**グループ（層）に分けること**」である.

例えば，学生の学力は偏差値で表されるが，全国実力テストの偏差値を日本全国

全員で表すだけでなく，都道府県別に比較したり，志望校別に比較したりすることにより，偏差値の状況を分析することができ，より的確な情報を得ることができる．

　問題解決では，原因追究のときに層間の違いを比較し，そのデータのばらつきの原因を調べる．層別の切り口は，**特性要因図の要因**が層別の項目になる．例えば，作業者別や機械別，材料別，作業方法別，測定器別などである．図 8.19，図 8.20 に層別したヒストグラムと散布図の例を示す．

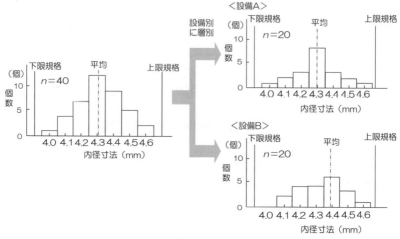

図 8.19　設備別内径寸法のヒストグラム

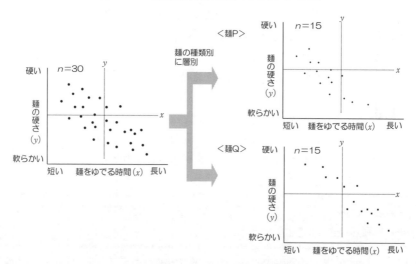

図 8.20　麺の種類別のゆでる時間(x)と硬さ(y)の散布図

（1） 層別の注意点

① 層別しやすいようにデータの履歴を明らかにしておく.

② いろいろな項目で層別してみる.

③ 1つだけでなく, 2つ以上の項目の組合せ（材料別と設備別など）で層別してみる.

例題 8.1

次の①～⑤は QC 七つ道具の手法の概要を説明している. それぞれの手法の名称, あてはまる図, 適用場面を各選択肢から選択せよ.

【手法の概要】

① データを簡単に集め, 全体の状況をわかりやすく記録する.

② データを級（クラス）に分けて, 各級に入る度数を柱状の図に並べる.

③ 対応のある2種類のデータの関係を見る.

④ データを分類項目に分けて, データ数の大きい順に並べる.

⑤ 縦軸に統計量の値, 横軸にデータを収集した順番にプロットし線で結ぶ.

【名称の選択肢】

ア. ヒストグラム　　イ. パレート図　　ウ. 円グラフ　　エ. 散布図

オ. 特性要因図　　カ. 折れ線グラフ　　キ. 層別

ク. チェックシート　　ケ. 帯グラフ　　コ. レーダーチャート

【図の選択肢】

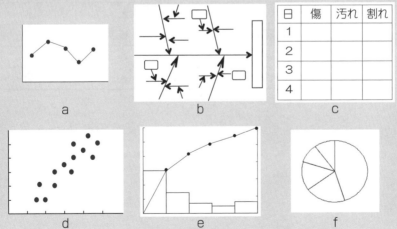

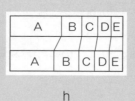
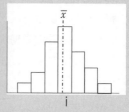

g　　　　　　　　h　　　　　　　　i

【適用場面の選択肢】
ⅰ．どの項目に取り組むか，重点項目を決めるときに用いる．
ⅱ．データの中心値やばらつきを見るときに用いる．
ⅲ．データの時間的推移を見るときに用いる．
ⅳ．データを収集するときに用いる．
ⅴ．データの構成比率と数量の違いを比較するときに用いる．
ⅵ．問題に対する相関関係を把握し，要因の因果関係を洗い出すときに用いる．

【解答 8.1】
表 8.1 となる.

表 8.1　例題 8.1 の解答

手法の概要	名称	図	適用場面
①	ク．チェックシート	c	ⅳ
②	ア．ヒストグラム	i	ⅱ
③	エ．散布図	d	ⅵ
④	イ．パレート図	e	ⅰ
⑤	カ．折れ線グラフ	a	ⅲ

異常値

1. 異常値(外れ値)とは

"異常値(外れ値)"とは,「データを収集したときに現れる,極端に離れたデータのこと」をいう.

例えば,あるクラスの学生の身長を測定すると,155.0cm〜185.0cmの範囲にほとんどの人が入っているが,1人だけ記録ミスにより,101.7cmのデータがあったとすると,そのデータだけが他のデータからかけ離れて現れる.このデータを異常値と呼ぶ.一般に,異常値と外れ値は,同じ意味で用いられていることが多い.異常値の例を図8.21に示す.

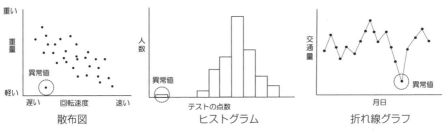

図8.21　異常値の例

2. 異常値への対応

異常値があったときは,そのデータを収集したときの履歴を調べ,測定ミスやデータの記録ミス,作業条件の変化など,異常値を示した原因があるかどうか調べる.原因を調べることで有益な情報を得られることが多いので,なぜ異常値になったか,原因追究をすることが大切である.そのためには,データを収集するときは,測定者,測定方法,測定環境など,そのときの状況を記録しておくことが重要である.

例題 8.2

次の文章で正しい内容には○，正しくない内容には×をつけよ．

① データ収集時はデータの値が大切であるので，計測器や測定者の把握
は不要である．

② 異常値があった場合，解析は異常値を除いて行うので，異常値の発生
した原因を調べる必要はない．

③ ヒストグラムのほか，散布図でも異常値の判断は可能である．

④ 異常値は，データの記録ミスだけが原因である．

⑤ 異常値が現れる場合は必ず1つのデータだけであり，2つ以上のデー
タが異常値となることはない．

【解答 8.2】

① ×：**異常値がある場合，その原因を追究するので，データ収集時の工程の状
況や計測器や，測定者，測定方法などはできるだけ記録して残してお
く．**

② ×：**異常値がある場合．その原因を調べることが重要である．そうすること
でデータ収集時の状況や工程の変動など有益な情報が得られることが多
い．**

③ ○

④ ×：**異常値の原因は，データの記録ミスの他に測定ミスや作業者の変更，材
料ロットの切り替えなどの作業条件の変化によるものがある．**

⑤ ×：**複数の異常値が現れることもある．**

08-03 ブレーンストーミング

1. ブレーンストーミングとは

"ブレーンストーミング"とは，「複数人で，**自由**に意見や考えを出し合っ
て，優れた意見や発想を引き出す方法」である．

参加者全員が思ったことや考えを自由に発言することで，たくさんの考えが得られ，また他の人の発言内容から新たな考えが思いつくこともある．逆に発言された内容に対し，反対や批判すると他の発言が出にくくなる．

　ブレーンストーミングを行うときは，次の**4つのルール**を守ることが大切である．

　① **批判禁止**

　発言を批判しない．批判は自由な発想にブレーキをかけてしまう．

　② **自由奔放**

　どんな発言でも取り上げる．奇想天外な発想は他の人の発想を誘う．

　③ **量を多く**

　発言は多いほどよい．量は質を生む．

　④ **便乗歓迎**

　他人の発言に便乗する．発言された内容と結合することも発想を誘う．

　問題解決では，特性要因図の作成において**要因を抽出**するときや，**対策案を抽出**するときにブレーンストーミングがよく使われる．

これができれば合格！

- QC 七つ道具の名称，特徴，作り方，見方の理解
- 問題解決を進めるときの QC 七つ道具の活用場面の理解

第9章

企業活動の基本

　日々の仕事をよりよく行うためには，企業全体でどのような活動が行われているのかを知ることが重要である．

　本章では，企業活動の基本について学び，下記のことができるようにしておいてほしい．

- 製品とサービスの理解
- 総合的な品質の理解
- ほうれんそう，5W1H の理解
- 三現主義，5ゲン主義の理解
- 社会人としてのマナーの理解
- 5S の理解
- 安全衛生，規則の理解

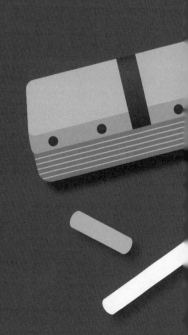

09-01　製品とサービス

"**製品**" とは,「企業の活動の結果として顧客に提供され, 顧客が価値を見出し, 対価を支払うもの」である. 製品の中には無形の**サービス**も含まれている. ただし, 意図的にサービスを明示したい場合には, **製品・サービス(製品やサービス)**のように併記することがある.

　製品には, 家具やスマートフォンのような有形のものから, 教育や通信のような無形のサービスまで, 多種多様な形態が含まれている.
　製品は**企業の活動(プロセス)の結果**である. 企業が行った製品企画, 原材料購入, 製造などの活動の結果が製品として提供される. ただし, 企業の活動の結果であっても, 顧客が価値を見出せず, 顧客が対価を支払う気になれない, ひいては顧客にとって価値を生み出さないものはよい製品とはいえない.

09-02　職場における総合的な品質(QCD+PSME)

1. 総合的な品質

(1)　QCD

　"**QCD**" とは,「製品やサービスについて考えるうえで特に重要な**Quality(品質)**, **Cost(費用)**, **Delivery(納期・量)**の頭文字をとったもの」である. この3つを指して, "**総合的な品質**" と呼ぶことがある.

　顧客が製品の購入を検討するときには, 製品の性能のよしあしだけを考えるわけではない. どの程度の価格で, どの程度の期間で入手できるのかも検討する. そのため, 製品の品質をとらえる際には, **総合的な品質**として **QCD** すべてを考慮することが重要である.

(2) PSME

> "PSME" とは,「製品やサービスの生産を行う職場で重要となる **Productivity(生産性)**,**Safety(安全性)**,**Morale(士気,意欲)**および **Moral(倫理)**,**Environment(環境)**の頭文字をとったもの」である.

安定的・継続的によい製品やサービスを作るためには,組織および職場の**士気**や**倫理**が高く,**生産性**も高い状態でなければならない.また,職場の安全性だけでなく,顧客が**製品を使用する際の安全性**も重視する必要がある.近年はこれらに加え,**環境保全**にも取り組むことが求められている.また,企業が取り組むべき品質に関する総称として,**QCD+PSME** という表現も用いられている.

09-03 報告・連絡・相談(ほうれんそう)

> "ほうれんそう" とは,「仕事を滞りなく行うために必要な **"報告"**,**"連絡"**,**"相談"** の頭文字をとったもの」である.**"報連相"** と表記することもある.
>
> 報告:**指示・命令・依頼**に対して,必要な情報を上司や顧客に伝達すること.
>
> 連絡:**自発的**に,必要な情報を,必要な人・部門・組織へ伝えること.
>
> 相談:個人で判断できない事柄について,**判断できる人**に意見を求めること.

報告・連絡・相談が適切に行われると,仕事の効率がよくなり,事件や事故を防止することにもつながる.適切な報告・連絡・相談は,**5W1H** を念頭に行うとよい.

09-04 5W1H

> "5W1H" とは,「アイデアや行動,環境などについて分析・伝達する際に用いる思考方法」である.下記の6つの要素に分けて思考を整理することで

見落としや重複がないようにすることができる.

What：何を

When：いつ

Who：誰が

Where：どこで

Why：なぜ

How：どのように

5W1Hはさまざまな場面で利用される思考方法である. なお, 5W1Hに **"How much(いくら・費用)"** を加えることで **"5W2H"** という表現を使うこともある.

09-05　三現主義・5ゲン主義

1. 三現主義

"三現主義" とは, 「課題解決や改善活動を行う際には **"現場"**, **"現物"**, **"現実"** の観点から行動することが重要だという考え方」である.

"現場" とは, 問題が生じている場所である. **"現物"** とは, 問題が生じているものや製品・サービスである. **"現実"** とは, 問題が生じている環境や条件, 状況である. 思い込みで行動するのではなく, 3つの "現" に直接触れ, 確認し, 検討することが重要である.

2. 5ゲン主義

"5ゲン主義" とは, 「問題の根本原因の発見や, より効果の高い改善活動を行うため, **"三現主義"** の **"現場・現物・現実"** に **"原理"**, **"原則"** を加えた5つの視点が重要だという考え方」である.

"原理" とは, 事象やそれについての認識を成り立たせる, 根本となる仕組みのことであり, 事物・事象が依拠する根本法則のことといえる. **"原則"** とは, 多く

の場合にあてはまる基本的な規則や法則のことであり，多くの場合に共通に適用される基本的なきまり・法則のことといえる．

09-06 企業生活のマナー

"マナー"とは，「職場の人間関係や仕事を進めるうえで守るべき，暗黙の了解や明示されていないルール」である．

基本的にマナーは組織によって異なるが，多くの組織で共通するマナーも存在する．例えば，表9.1のようなマナーは社会人に共通するマナーとされている．

表9.1　社会人のマナー

社会人としての覚悟	仕事によって報酬をもらうプロとしての自覚をもつ． **コンプライアンス（企業・社会倫理）**を順守する．
時間厳守	時間・締切を守る．5分前行動（予定時刻の5分前に準備を終えておくこと）を徹底する． 休憩時間，就業時間を明確に区別する．
積極的な挨拶	自ら挨拶を行う． 挨拶を受けた場合は挨拶・返事を返す．
ていねいな言葉遣い	上司・部下，先輩・後輩，社内・社外を問わず，**誰にでも**ていねいな言葉を使う．
適切な服装	不快感を与えない服装に気を配る． スーツ，作業着など状況に合った服装を整える．
公私の区別	組織の設備・備品を私的な用事に使わない． **公私混同**をしない．
整理・整頓	職場を整理・整頓する．
環境配慮	ゴミの分別など，エコに配慮した活動を行う．

09-07　5S

"5S" とは，「職場環境維持や仕事に取り組む基本として重要とされる5つの行動であり，"整理"，"整頓"，"清掃"，"清潔"，"しつけ(躾)" の頭文字をまとめたもの」である．

"整理・整頓・清掃・清潔" を指して4Sと呼ぶ場合もある．"しつけ(躾)" については，企業によっては "習慣" や "スピード"，"セーフティ(安全性)" という言葉を代わりに利用することもある．最も基本的な5Sを表9.2に示す．

表 9.2　基本的な 5 S

整理	不要なものを捨て，必要なものを準備すること．
整頓	必要なものがすぐに利用できるよう，整えること．
清掃	不潔・不快を生まないように掃除を常に行うこと．
清潔	整理，整頓，清掃の3つを常に行い，汚れのない状態を維持すること．
しつけ(躾)	マナーや規則を守る習慣を訓練すること．

09-08　安全衛生

1．労働安全衛生

"労働安全衛生" とは，「職場における労働者の安全と健康を確保するとともに，快適な職場環境を形成すること」である．

安定的・継続的に製品を提供するためには，職場が安全かつ衛生的である必要がある．そのためには，KY活動やヒヤリ・ハット活動で災害や事故を防止する必要がある．

(1) KY活動

> "**KY活動**"とは,「仕事を開始する前に,危険な行動を事前に見つけ出す活動であり,作業現場にて行う.**危険(Kiken)**,**予知(Yochi)**,**活動(Katsudo)**の頭文字をとったものであり,**KYK**とも呼ばれる」.

KY活動では,危険を意識的に把握するために指差呼称(間違えないように,そのものを指で差し,声を出して確認すること)を行うことがある.また,KY活動を適切に実施するための**教育・訓練**活動として,作業現場のイラストや写真を使用して危険な箇所や行動を見つけ出し,その対策を考えるということを行う.これを**KYT(危険予知 Training)**という.

(2) ハインリッヒの法則とヒヤリ・ハット活動

> "**ハインリッヒの法則**"とは,「**1件**の重大な災害・事故の背景には,**29件**の軽度な災害・事故があり,その背景には**300件**の災害・事故に至らない異常(**ヒヤリ・ハット**)がある,という法則」である.

ヒヤリとした・ハットとした段階で原因を除去することができれば,災害や事故を防ぐことができる.このような災害や事故の発生前の,異常の段階で原因を除去する運動を**ヒヤリ・ハット活動**や**300運動**という.なお,ハインリッヒの法則は図9.1のように図示される.

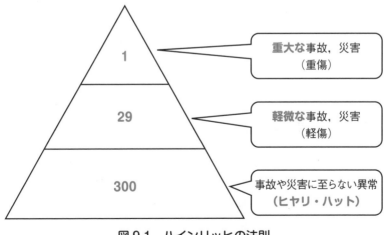

図9.1 ハインリッヒの法則

規則と標準

> "規則"とは,「明文化あるいは文書化された,守るべきことがら」である.

規則とは,就業規則や安全衛生規則などのように,守らなければならない明示的なルールである.

> "標準"とは,「産業界や企業など組織で決められた取決めのこと」である. 標準によって物事は**単純化**され,さまざまな場面や利用者間で**統一化**される.

標準を定めることで,物事が単純かつ統一的になり,コミュニケーションの円滑化や品質の適切な維持・改善などにつながる.標準は手順・方法・概念などの「約束や合意事項」と,キログラム原器などの「測定の基準になるもの」がある.

例題9.1

下記の文章から,製品やサービスに関する記述として正しいものをすべて選べ.
① 製品とは,自動車や自転車など手に取って触れられるものでなければならない.
② 鉄道会社が電車で顧客を目的地まで運ぶことも製品といえる.
③ 製品には,有形のものと無形のものが混在しているものもある.
④ 製品とサービスは異なるものであり,混乱するため併記してはならない.
⑤ 製品はプロセスの結果であり,顧客に提供され,価値を生み出すか否かは関係ない.

【解答9.1】

② 鉄道やタクシーによる旅客運搬サービスも製品の一種である.
③ レストランでの食事が典型である.料理は有形であるが,雰囲気(環境)やスタッフによるサービスは無形である.

例題 9.2

下記の文章を読み，正しいものに〇，誤っているものに×をつけよ．

① QCD とは，Quality，Cost，Delivery の頭文字をとったものである．

② PSME とは，Price，Safety，Management，Economics の頭文字をとったものである．

③ QCD+PSME はどれか 1 つだけ重視すればよく，不要なものは無視してよい．

④ 総合的品質とは，製品の品質に加え，コストや納期も含めた考え方である．

【解答 9.2】

① 〇

② × : **Productivity，Safety，Morale および Moral，Environment である．**

③ × : **QCD+PSME のすべてが重要であり，不要なものはない．**

④ 〇

例題 9.3

次の報告・連絡・相談にかかわる文章において，□□□□内に入るもっとも適切なものを選択肢から選べ．

① 消費者から寄せられるクレームの電話受付の業務を行っていたところ，対応マニュアルにはない故障の相談があった．どうすればよいか判断できなかったため，上司に対応方法について意見を聞きに行った．このような行動を （1） という．

② 消費者から寄せられるクレームの種類や量について，3 日後までに分析するように，上司から指示された．それに対応し，2 日で資料をまとめ，上司に分析結果を伝えた．このような行動を （2） という．

③ 自らが所属する部署に別部署から社員が加わったので，従来のメンバーに加え転属してきた社員とともにQCサークル活動の会合を行うことにした．その内容と日時・場所を伝えた．このような行動を （3）

という.

④ ほうれんそう(報告・連絡・相談)を行う際には, (4) の視点から考えを整理し, 伝えるとよい.

【選択肢】

ア. 報告　イ. 連絡　ウ. 相談　エ. 三現主義　オ. 5W1H

【解答9.3】

(1) **ウ. 相談**　(2) **ア. 報告**　(3) **イ. 連絡**　(4) **オ. 5W1H**

例題9.4

下記の文章は社内の連絡網で回ってきたメールの一部である. 下記の文章の中から, 5W1Hの各要素を抜き出せ.

「次回の『品質管理勉強会』は20＊＊年5月15日に本社A棟501室にて行います. 参加者は営業部と生産部の入社後5年以下の人全員です. 品質管理の基礎知識を学習することが目的ですので, 奮って参加してください. 当日は, 教科書『速効! QC検定』シリーズを用い, 講義形式で行います.」

【解答9.4】

What(何を)：**品質管理勉強会を**

When(いつ)：**20＊＊年5月15日に**

Who(誰が)：**営業部と生産部の入社後5年以下の人全員が**

Where(どこで)：**本社A棟501室にて**

Why(なぜ)：**品質管理の基礎知識を学習するために**

How(どのように)：**教科書『速効! QC検定』シリーズを用い, 講義形式で.**

例題9.5

下記のそれぞれの文章が, 5ゲン主義の何に該当するのか答えよ.

① 消費者から不良品を引き取り, 解体・分析して不良の原因を見つけた.

② 消費者から不良品のクレームがあったので，製造工場を見に行った.
③ 消費者から聞き取り調査を行い，製品不良を認識した状況を確認した.
④ A社では完成品検査を抜き取り検査で行うことにしている.
⑤ 検査の個数を増やすと基本的にコストが増加する.

【解答 9.5】
① **現物**　② **現場**　③ **現実**　④ **原則**　⑤ **原理**

例題 9.6

下記の文章を読み，正しいものには〇，誤っているものには×をつけよ.
① 自分の仕事のできが最優先なので，コンプライアンスは多少無視してよい.
② 社長が工場視察に来る際でも，作業者は安全のために，防護服着用を徹底した.
③ 休憩時間であれば，個人的な趣味に職場のパソコンを使ってもよい.
④ 仕事の打合せではあるが，相手が自社の子会社の社員だったので，ていねいな言葉づかいをしなかった.
⑤ 環境への悪影響を最小限にするため，不要な電灯の消灯や資源のリサイクルに取り組む.

【解答 9.6】
① ×：コンプライアンスは，社会人として守らなければならないルールである.
② 〇
③ ×：休憩時間であっても，職場の物品を公私混同して利用してはならない.
④ ×：相手の立場に関係なく，ていねいな言葉づかいをする.
⑤ 〇

例題 9.7

下記のそれぞれの文章が，５Ｓのどれに該当するのか答えよ．
① 毎日の終業時に整理・整頓・清掃を行い，机を消毒する．
② 必要な紙書類だけを残し，不要になった紙書類は裁断して処分する．
③ 毎朝，職場の全員が構内の安全規則を守っているかを朝礼で確認する．
④ 使った工具は，次に使う人がすぐに使えるように定位置に戻す．
⑤ 職場の作業台の油汚れがひどくならないよう，仕事終わりに台ふきで拭く．

【解答 9.7】
① 清潔　② 整理　③ しつけ(躾)　④ 整頓　⑤清掃

例題 9.8

下記の文章を読み，労働安全衛生について正しいものをすべて選べ．
① KY 活動は，災害や事故を未然に防止するためのものである．
② 製造工場や建設現場などでの事故・災害を防ぐため，作業上の危険を予想したり，最適な改善策や対応策などを話し合ったりする訓練を KYT と呼ぶ．
③ ヒヤリ・ハット活動は，重大災害だけに着目すればよいという活動である．
④ ヒヤリ・ハットとは，災害や事故として認識されないような軽微の異常であるが，重大事故防止のためにはヒヤリ・ハットの段階で原因究明や対策を行うことが必要である．

【解答 9.8】
①：KY 活動は，軽微な異常から重大事故の発生を予知・予防する活動である．
②：KYT とは，Kiken Yochi Training の頭文字をとったものである．
④：ヒヤリ・ハット発生の段階での原因究明・対策が特に重要である．

例題 9.9

下記の文章を読み，正しいものには〇，誤っているものには×をつけよ．

① 規則や標準には，社内で制定された就業規則や作業標準なども含まれる．

② 標準は，詳細な説明を行うため複雑なものをたくさん作ることが重要である．

【解答 9.9】

① 〇

② ×：標準は，複雑なものを単純化・統一するために行う．

これができれば合格！

- 製品とサービスの関係の理解
- 総合的な品質（QCD+PSME）の理解
- ほうれんそう，5W1H の要点の理解
- 三現主義，5ゲン主義の違いの理解
- 社会人としてのマナーの要点の理解
- 5S の理解
- KY 活動，ヒヤリ・ハット活動，ハインリッヒの法則の理解
- 規則と標準の理解

【引用・参考文献】

1) JIS Z 8002：2006「標準化及び関連活動－一般的な用語」

2) JIS Z 8101-2：2015「統計－用語及び記号－第2部：統計の応用」

3) JIS Z 8103：2019「計測用語」

4) JIS Q 9000：2015「品質マネジメントシステム―基本及び用語」

5) JIS Q 9023：2018「マネジメントシステムのパフォーマンス改善－方針管理の指針」

6) JIS Q 45001：2018「労働安全衛生マネジメントシステム－要求事項及び利用の手引」

7) JSQC-Std 00-001：2018「品質管理用語」

8) 「品質管理検定4級の手引き Ver.3.1」，品質管理検定センター，2019年

9) 「品質管理セミナー・ベーシックコース・テキスト」，日本科学技術連盟，2020年

10) 日本品質管理学会編：『新版 品質保証ガイドブック』，日科技連出版社，2009年

11) 細谷克也編著，稲葉太一，竹士伊知郎，西敏明，吉田節，和田法明著：『速効！QC検定3級』，日科技連出版社，2020年

12) 細谷克也編著，稲葉太一，竹士伊知郎，松本隆，吉田節，和田法明著：『【新レベル表対応版】QC検定受検テキスト4級』，日科技連出版社，2011年

13) 吉澤正編：『クォリティマネジメント用語辞典』，日本規格協会，2004年

14) 日本品質管理学会標準委員会編：『日本の品質を論ずるための品質管理用語85』，日本規格協会，2009年

15) 一般財団法人日本規格協会 ホームページ
https://webdesk.jsa.or.jp/ (2021年3月15日閲覧)

16) 狩野紀昭：「私が伝えたいTQMのDNA」，『品質』，日本品質管理学会，Vol.36，pp.413-417，2006年

索　引

【英数字】

3 ム	30
4M	6, 40
5S	110
5W1H	18, 107
5W2H	108
5 ゲン主義	108
Act	20
Check	19
CL	96
CS	7
Do	19
EN	59
IEC	59
ISO	59
ITU	59
JAS	59
JIS	59
KAIZEN	26
KYT	111
KY 活動	111
LCL	96
Machine	6, 40
Man	6, 40
Material	6, 40
Measurement	40, 41
Method	6, 40, 41
PDCA	17
──のサイクル	16, 17, 18
Plan	18
PSME	107
QCD	4, 106
──＋ PSME	107
──とは	4
QC サークル活動	31
QC ストーリー	26
QC 七つ道具	80
──の特徴	80
SDCA	20
──のサイクル	16
SQCD	5
UCL	96
VOC	8
$\overline{X}-R$ 管理図	96
──の作り方	96

【あ　行】

アウトプット	38
後工程	39
──はお客様	4, 7, 39
安全第一	5
維持活動	16, 17
異常	41
異常原因	41, 96
──の例	42
異常値	100
──の例	101
──への対応	101
一般形	88
インプット	38
上側管理限界線	96
受入検査	48, 49

円グラフ	93, 94
お客様の声	8
お客様満足	7
帯グラフ	93, 94
折れ線グラフ	93

【か　行】

改善	26
──活動	16, 17
課題	8, 9, 26
課題達成型 QC ストーリー	26
──の手順	27
下方管理限界線	96
官能検査	50
管理活動	16
管理項目	19, 20
──の種類	21
管理図	80, 96
──の見方	97
管理のサイクル	17, 18
機械・設備	6, 40
規格	57, 58
危険予知	111
偽相関	91
規則	112
規定	57, 58
基本的な5S	110
記録・調査用チェックシート	85
偶然原因	41, 96
──の例	42

苦情　　　　　　　　　9
　──の分類　　　　　9
苦情処理　　　　　　　9
　──の流れ　　　　　10
グラフ　　　　　80，92
　──の注意点　　　　96
　──の利点　　　　　93
　──の種類と用途　　93
クレーム　　　　　　　9
　──処理　　　　　　9
計数値　　　　　　　　66
継続的改善　　　　　　26
計量値　　　　　　　　66
結果系の管理項目　　　21
言語データ　　　　　　66
検査　　　　　　40，41
　──の種類　　　　　48
現実　　　　　　　　　108
現状把握　　　　27，29
原則　　　　　　　　　108
現場　　　　　　　　　108
現物　　　　　　　　　108
原理　　　　　　　　　108
合格　　　　　　　　　48
効果の確認　　　27，29
高原形　　　　　　　　88
工程　　　　　　　　　38
　──の5M　　　40，41
　──内検査　　　48，49
購入検査　　　　48，49
顧客満足　　　　　　　7
　──度　　　　　　　7
国際規格　　　　　　　59
コスト　　　　　　　　4
国家規格　　　　　　　59

【さ　行】

サービス　　　　　　　106
最終検査　　　　48，49
産業標準の体系　　　　60
三現主義　　　　　　　108
散布図　　　80，87，89
　──のいろいろな形　90
　──の作り方　　　　89
　──の見方　　　　　90
　──を見るときの注意点
　　　　　　　　　　　91
サンプリング　　　　　65
サンプル　　48，64，65
時間配分の仕方　　　　vii
事実に基づく管理　　　64
下側管理限界線　　　　96
質的データ　　　　　　66
社会人のマナー　　　　109
社内標準　　　　　　　57
　──の体系　　　　　58
　──の例　　　　　　58
重点指向　　　　31，82
受検時の解答の仕方　　vi
受検生がよくつまずくこと
　　　　　　　　　　　vi
出荷検査　　　　48，49
小集団改善活動　　　　31
仕様書　　　　　　　　58
上方管理限界線　　　　96
数値データ　　　　　　66
生産の4M　　　　　　40
性質別の検査　　　　　50
製造工程の段階別検査　49
正の相関　　　　　　　89

製品　　　　　　　　　106
　──・サービス　　　106
整理・整頓・清掃・清潔・
　しつけ（躾）　　　　110
設計品質　　　　　　　8
絶壁形　　　　　　　　88
全数検査　　　　　　　49
相関　　　　　　　　　89
　──関係　　　　　　89
総合的な品質　　　　　106
層別　　　　　　81，97
　──の注意点　　　　99
測定　　　　　　40，41

【た　行】

対策の検討・立案
　　　　　　　　27，29
対策の実施・フォロー
　　　　　　　　27，29
代用特性　　　　　　　50
団体規格　　　　　　　60
地域規格　　　　　　　59
チェックシート　80，84
　──の作成時の注意点　86
　──の特徴　　　　　86
中央値　　　　　　　　68
中間検査　　　　48，49
中心線　　　　　　　　96
中心的傾向を示す尺度　68
データの種類　　　　　66
テーマの選定　　27，29
適合　　　　　　　　　47
　──品　　　　　　　47
手順書　　　　　　　　58

点検・確認用チェックシート　85

点検項目　21

統計的管理状態　96

特性要因図　80，83

　──の活用ポイント　84

　──の作成時の注意点　84

　──の作り方　84

【な　行】

日本産業規格　59

日本農林規格　59

抜取検査　48，49

ねらいの品質　8

【は　行】

ハインリッヒの法則　111

破壊検査　49，50

外れ値　100

離れ小島形　88

歯抜け形　88

ばらつき　64，68

　──を示す尺度　69

パレート図　32，80，81

　──の活用ポイント　82

　──の作り方　82

　──の特徴　82

パレートの法則　32，81

範囲　68

反省と今後の対応　28，29

ヒストグラム　80，86

　──の作り方　86

　──の見方　87

人　6，40

非破壊検査　50

ヒヤリ・ハット　111

標準　56，58，112

標準化　56

　──と管理の定着　28，29

標準偏差　69，71

品質　2，4

　──とは　2

　──の重要性　3

　──は工程で作り込め　39

　──優先の考え方　3，5

品質管理　5

　──活動　5

　──とは　5

不具合　47

不合格　48

二山形　88

不適合　47

　──品　47

負の相関　89

部品・材料　6，40

不偏分散　71

不良　47

　──品　47

ブレーンストーミング　102

　──の４つのルール　102

プロセス　38

プロダクトアウト　4

分散　69，70

平均　68

　──値　68

平方和　79，80

偏差　70

──平方和　69，70

棒グラフ　93

報告・連絡・相談　107

方策　19

方法　6，40，41

ほうれんそう　107

報連相　107

母集団　64

　──とサンプルの関係　64

【ま　行】

マーケットイン　4

前工程　39

マナー　109

マニュアル　58

無試験検査　49，50

ムダ　30

ムラ　30

ムリ　30

メディアン　68，69

目的　19

目標　19

問題　8，9，26

問題解決型 QC ストーリー　26，28

　──の手順　27

　──の標準的な手順　29

【や　行】

歪み形　88

要因解析　27，29

要因系の管理項目　21

【ら　行】

ランダムサンプリング　67
量・納期　　　　　　　　4

量的データ　　　　　　66
レーダーチャート　93, 95
労働安全衛生　　　　110
ロット　　　　　47, 65

——サイズ　　　　　65
——の検査　　　　　48

速効！ QC検定 編集委員会　委員・執筆メンバー（五十音順）

編著者　細谷　克也　（有）品質管理総合研究所　所長）

著　者　池永　雅範　（住友ベークライト㈱）

　　　　吉川　豊次　（パナソニック㈱）

　　　　高木　修一　（富山大学　講師）

　　　　竹士伊知郎　（QMビューローちくし　代表）

　　　　長谷川伸洋　（㈱カネカ）

　　　　平野　智也　（ダイキン工業㈱）

■直前対策シリーズ

速効！QC検定 4級

2021年 6 月28日　第 1 刷発行
2023年10月10日　第 2 刷発行

編著者　細谷　克也
著　者　池永　雅範　　吉川　豊次
　　　　高木　修一　　竹士伊知郎
　　　　長谷川伸洋　　平野　智也
発行人　戸羽　節文

検印
省略

発行所　株式会社 日科技連出版社
〒151-0051　東京都渋谷区千駄ヶ谷 5-15-5
　　　　　　 DS ビル
　　　　　電　話　出版　03-5379-1244
　　　　　　　　　営業　03-5379-1238

Printed in Japan　　　　印刷・製本　河北印刷株式会社

© Katsuya Hosotani et al. 2021　　　ISBN 978-4-8171-9736-8
URL https://www.juse-p.co.jp/